工程海冰灾害风险评估与防范

Engineering Sea-ice Disaster Risk Assessment and Prevention

许 宁 袁 帅 张继承 李辉辉 著

科学出版社
北 京

内 容 简 介

本书重点介绍工程海冰灾害机理（含核电冷源海冰堵塞风险），典型工程海冰灾害风险评估方法（固定式导管架平台和核电冷源取水堵塞风险评估），工程海冰风险监管关键技术和应用（基于承灾体全生命周期的风险评估、工程海冰灾害风险排查和监测信息体系）。相关研究成果已经应用于为冰区重大工程的海冰监测与安全保障服务，为我国北方海域环境安全提供技术支撑。

本书可供高等院校海洋灾害与防灾减灾、近海工程与海洋工程、物理海洋、工程力学专业高年级本科生、研究生和教师及相关专业的科研工作者参考阅读。

图书在版编目(CIP)数据

工程海冰灾害风险评估与防范/许宁等著．—北京：科学出版社，2021.6
ISBN 978-7-03-069019-7

Ⅰ.①工⋯　Ⅱ.①许⋯　Ⅲ.①海冰-自然灾害-灾害防治　Ⅳ.①P731.15

中国版本图书馆 CIP 数据核字（2021）第 105388 号

责任编辑：刘信力 / 责任校对：彭珍珍
责任印制：吴兆东 / 封面设计：无极书装

科 学 出 版 社 出版
北京东黄城根北街16号
邮政编码：100717
http://www.sciencep.com

北京虎彩文化传播有限公司 印刷
科学出版社发行　各地新华书店经销
*
2021年6月第 一 版　开本：720×1000　B5
2021年6月第一次印刷　印张：8 3/4
字数：180 000

定价：78.00 元
（如有印装质量问题，我社负责调换）

前　言

我国北方海域每年冬季12月～次年3月都会有海冰出现，以渤海和黄海北部为主要区域，其中渤海是公认的北半球纬度最低的结冰海域，近年我国连云港海域也会在冰情严重年份出现海冰且因冰灾造成严重损失。海洋工程作为海洋开发的载体，是海洋灾害导致的社会、经济、生态环境损害的主要诱因之一，因此海冰给海洋工程带来风险隐患，成为我国北方海洋环境安全保护需要考虑的重要内容，"工程海冰"和"海冰工程"两个关键词应运而生。"工程海冰"是为工程规划设计、施工建设及运行管理提供海冰学依据，主要内容包括海冰观测技术方法、冰情分析计算与预报，以及海冰灾害分析与评估等。"海冰工程"是建立于有冰海域的工程结构物、建筑物、设施与装备工程的统称。

自汉朝开始，我国人民在沿海的县志中就有了关于海冰的记录。1959年开始海冰系统观测研究和预报服务，1969年2、3月的特大冰封给新中国的政治经济带来了巨大损失，造成严重影响，也极大推动了我国的海冰研究、监测预报、灾害防范等相关工作。海洋管理部门的海冰防灾减灾工作主要是针对于物理海洋过程的冰情要素观测预报预警；各类研究院所开展不同类别海洋工程的海冰灾害机制和风险防范策略研究；涉海工业用户针对海上石油平台、海上交通运输等目标开展了不同措施的冬季海冰管理；自 2012 年我国首座冰区核电投产后的 9 年内，在前期缺乏核电冰区运行经验的条件下，目前逐步完成了涵盖核电海冰灾害理论分析与评估方法、监测预警技术及软硬件、风险管理方法在内的"理论研究—监测体系—预警防范"链条式技术。

从海冰观测和工程海冰的成果角度来看，国家海洋局北海分局张方俭于 1986 年编著的《我国的海冰》一书，首次系统的介绍了我国渤海和黄海北部海冰的概况、特征和变化规律，分析了海冰的成因，归纳了我国现有的观测和预报方法。国家海洋环境监测中心丁德文等建立了工程海冰学，并于 1999 年编著了《工程海冰学概论》，以工程海冰学为轴心，从工程角度的海冰主体出发，介绍海冰形成、性质、时空分布等海冰自然属性，阐明海冰工程中冰与结构相互作用、海冰设计条件、监测预警、抗冰减灾技术等的海冰人为属性；中国海洋石油生产研究中心的杨国金围绕"海冰工程"主题，分别于 1991 年和 2000 年编著了《渤海海冰工程图集》和《海冰工程学》，除了海冰生成运移特征及物理力学特性，还介绍了冰与结构相互作用的理论和试验方法，抗冰结构和海冰设计作业条件，将工程海冰与抗冰结构的设计、运行联系在一起；中国石油大学教授方华灿和陈国明于 2000 年著有《冰区海上结构物的可靠性分析》，围绕冰区海上结构物的疲劳、断裂及其可靠性分析所进行的试验与科研成果的总结。大连理工大学教授季顺迎等 2011 年出版的《工程海冰数值模型及应用》，是我国首部工程海冰数值模型方面的著作，重点对海冰现场监测技术、海冰热力学、海冰动力学、海冰本构模型、海冰数值方法、不同尺度下的海冰离散单元模型以及海冰数值模型的工程应用进行了全面的论述。行业标准《工程海冰技术规范》规定了工程海冰条件、计算冰荷载、获取工程海冰及环境数据和建立工程海冰环境监测系统的原则和技术要求；行业标准《渤海和黄海海冰卫星遥感监测技术规范》和《岸基雷达海冰监测技术规程》分别规定了卫星遥感和岸基雷达方法开展海冰监测的内容与方法。

以海冰防灾减灾为主旨,《中国海洋灾害四十年资料汇编(1949~1990)》(杨华庭等,1993)和《中国海洋灾害公报(1989~2020)》系统的记录了新中国成立以来我国发生的海洋灾害及损失情况。国家海洋局1973年制定的《中国海冰冰情预报等级》,将冰情划分为五个级别,可通过不同冰情来初步分析海冰灾害损失程度;国家标准《海洋预报和警报发布—第3部分:海冰预报和警报发布》,于2017年进行首次修订,该标准确立了蓝、黄、橙、红四级海冰预报、警报发布的原则,规定了相关等级划分条件、发布内容、程序、技术要求等;国家标准《中国海冰情等级》已于2020年通过审查,规定了渤海及黄海北部冰情等级划分、内容要求。

近年来我国的防灾减灾工作"努力实现从注重灾后救助向注重灾前预防转变,从应对单一灾种向综合减灾转变,全面提升全社会抵御自然灾害的综合防范能力"。2011年"3·11"日本地震海啸后,国家海洋部门组织开展了海洋灾害风险评估和区划工作,相继完成了风暴潮、海浪、海冰、海啸、海平面上升等5个灾种的国家尺度风险评估和区划,编制了《沿海大型工程海洋灾害风险排查技术规程》《海冰灾害风险评估和区划技术导则》等文件。海冰灾害防范已经从单纯的海冰冰情要素观测预报,逐步发展到与工程风险管理相结合,在涉海工程海冰管理和北方海洋环境安全保障的双重需求下,逐步引入了自然灾害风险管理的理论体系,开展了风险排查、风险评估等工作,这也是本书研究内容的主要内容。

本书主要内容是国家海洋环境监测中心、大连理工大学等研究院所十多年来在渤海的工程海冰监测预测预警、工程海冰灾害理论研发、海冰灾害评估防范技术研发应用过程中不断开展和积累的,是工程海冰灾害风险研究中的部分关键内容,但也仅仅是工程海冰学科中部分成果。工程海冰是一个极具应用特色的学科，随着全球气候变化条件下我国冰情呈现出的整体减弱但极端事件偶发的新特点，风电、浮式平台、跨海大桥等冰区新兴工程承灾体不断出现产业发展的新态势，防灾减灾和海洋生态环境管理的政策导向逐步优化的新格局，都是促进工程海冰学科不断发展的原因。

近20年来，在大连理工大学岳前进、季顺迎、毕祥军、张大勇等教授的带领下，于晓、张希、屈衍、刘圆、张力、郭峰玮、王瑞学、王刚、王延林、王安良、孙珊珊、陈晓东、于雪等前辈和同仁针对工程海冰灾害机理问题开展了大量的现场监测、室内实验、理论研究与成果应用工作。国家海洋环境监测中心的刘旭世、陈伟斌、张淑芳、赵骞、史文奇、刘雪琴、刘永青、陈元、马玉贤、宋丽娜、王平等在工程海冰技术研发应用、冰区重点产业保障目标海冰监测预警技术研发、核电冷源海冰风险监测预警技术等方面开展了大量研究、政策转化等工作。为此，作者深深感谢每位学习工作中的导师、每位并肩作战的团队伙伴对本书做出的贡献。本书研究工作得到中国海洋工程咨询协会、中国海洋石油集团有限公司、辽宁红沿河核电有限公司的大力支持，在此表示感谢。

本书研究工作还有幸得到自然资源部第一海洋研究所丁德文院士、北京师范大学李宁教授、中国海洋大学侍茂崇教授、大连理工大学李志军教授、国家海洋环境预报中心刘煜研究员、国家海洋环境监测中心王仁树、王健国、隋吉学、伊辉延研究员等专家学者的帮助和鼓励，在此一并致以诚挚的感谢。

由于作者水平有限，书中难免存在不足之处，敬请各位专家学者批评指正。

许 宁

2021年5月

目　　录

1 绪 论

　　我国是世界上遭受海洋灾害影响最严重的国家之一[1]，近年来我国海洋灾害以风暴潮、海浪、海冰和海岸侵蚀等灾害为主。其中海冰灾害主要发生于我国渤海和黄海北部海域，在江苏连云港海域也是有海冰出现并偶发海冰灾害。渤海和黄海北部每年冬季都有 3～4 个月的冰期，海冰分布范围通常可达渤海面积的 1/3，覆盖整个辽东湾和整个渤海和黄海北部沿岸。渤海为半封闭的地理环境，水深十余米，水平尺度不足五百公里，可能最大浪高有限，因此海冰灾害的风险远高于海啸、风暴潮、海浪等其他海洋动力灾害。历史上曾经发生过石油平台被推倒、冰激结构振动引发导管架被振断、船舶被冰挤压损毁、海冰堆积上岸和堵塞火电冷源取水通道等事故[2-6]。为保障我国有冰海域的生态环境安全，国家海洋环境监测中心丁德文院士于 20世纪 90 年代建立了工程海冰学科[2]，旨在为工程规划设计、施工建设及运行管理提供海冰学依据，主要内容包括海冰观测技术方法、冰情分析计算与预报，以及海冰灾害分析与评估等（海洋行业标准《工程海冰技术规范》，HY/T 047—2016）。随着涉海产业呈现高密度、大型化趋势，对冰区涉海产业安全保障提出更高需求，特别是核电工程这类缺少研究基础和运行经验、且社会和生态环境影响显著的新兴产业，其海冰风险监测预警和安全保障的需求更为迫切。与此同时，在全球气候变化波动和人类活动加剧的双重压力下，渤海生态环境保护问题成为了当前热点之一，对于海洋开发主要载体的海洋工程，工程海冰灾害影响是必须要考虑的安全和环境因素。

1.1 海　　冰

所有在海上出现的冰统称海冰，除由海水直接冻结而成的冰外，它还包括来源于陆地的河冰、湖冰和冰川冰（海洋行业标准《工程海冰技术规范》，HY/T 047—2016）。海冰通常分布于高纬度的北极海域和部分亚极区海域，属于冰冻圈的一部分。

高纬度地区常年冰雪覆盖，其中最暖月份的平均气温低于10℃的地区统称为极区。北极地区包括整个北冰洋以及丹麦（格陵兰岛）、加拿大、美国（阿拉斯加州）、俄罗斯、挪威、瑞典、芬兰和冰岛八个国家的部分地区，北极海域主要包括挪威海、格陵兰海、喀拉海、拉普捷夫海、东西伯利亚海、楚科奇海、波弗特海、巴芬湾、哈德孙湾，以及加拿大北极群岛间各大小海湾和海峡。

部分亚极区海域由于地域气候等因素影响也会在冬季发生海冰的生长和消融，如波罗的海、鄂霍次克海、白令海、哈德逊海、库克湾、芬兰湾、黄海和渤海等。Tuomo Kärnä[7]对开发程度较高的典型冰区海域的冰情概要进行对比描述，详见附录1。

1.2 渤 海 冰 情

1.2.1 渤海结冰的环境条件

每年冬季我国渤海和黄海北部都有不同程度的结冰现象。渤海的海冰生成发展与时空分布特征主要取决于渤海的地理环境和气象条件[2,8]。

渤海位于 $37°07'N\sim41°N$，$117°35'E\sim122°15'E$ 之间，面积约 8 万平方公里，由北部的辽东湾、西部的渤海湾、南部的莱州湾、中央浅海盆地和渤海海峡五部分组成，三面环陆，仅有渤海海峡是与外海连接的唯一通道。海水深较浅，平均深度仅为 18m，其中小于 20m 内浅海海域面积占一半以上。渤海周围分布着黄河、辽河、海河、滦河以及大小凌河等河流，大量淡水流入降低了渤海海水盐度，渤海海水的盐度在我国四个海区中是最低的，表层海水盐度一般在 $28\sim30$，中层可达 31 以上，而近岸河口区海水盐度通常在 27 以下。

由于与外海海水交换缓慢，渤海表层水温深受陆地气候的影响，在冬季受到欧亚大陆西伯利亚寒流南下的影响，环渤海地区经常遭受强劲偏北大风和严重降温的影响，使得渤海海水温度显著低于相同纬度处的开阔水域温度。当海水温度低于海水冰点时，就会凝结成海冰。由于海水中溶解大量无机盐，使得海水冰点低于 $0℃$（淡水冰冰点）。渤海在 11 月底最低气温可降至 $-10℃$ 左右，1、2 月份北部沿岸最低气温可低于 $-20℃$。渤海冬季盛行偏北风，风速可达 $10m/s$ 以上。当风向有利于初生冰晶在沿岸聚集时（如盛行北风，则有利于冰晶在南岸聚集），海冰形成和发展的速度就会加快；而海冰一旦形成，较大的风速则有利于海冰外缘线沿风向延伸。同时，冬季的降雪也是海冰快速形成和发展的重要原因之一，大量降雪可直接成为海冰晶核并间接助长海冰的发展。此外，波浪、潮汐和海流大风等要素也会影响海冰的生成、发展与消融。

辽东湾是中国冰情最严重的海湾，其结冰范围最广、冰期最长，常冰年情况下，冰期 130 天左右，结冰范围边缘在 15m 等深线附近，距离湾顶约 70n mile（1n mile＝1.852km），一般冰厚为 $30\sim40cm$，海冰漂流速度一般为 $0.5m/s$，最大约 $1.5m/s$。冬季盛行偏北风，顺时针方向沿岸流，加之右转潮流系统的共同作用，使得东部冰情较西部严重，此外黄海暖流余脉经过渤海海峡北部进入渤海，大致沿西北方向首先向辽东湾西岸流去，使辽东湾西部水温较东部高，也使得辽东湾西部冰情较东部轻。

1.2.2　渤海冰情概况及变化

海冰分布、结冰范围和时间、海冰厚度和运动等都是冰情轻重程度的重要指标。一般情况下，渤海自 12 月上旬开始结冰，翌年 3 月中旬海冰消失，冰期为 3～4 个月。1、2 月份冰情最重，以纬度最高的辽东湾为例，常冰年海冰厚度可达 50cm，冰外缘线离岸约 80n mile，海冰运动速度可超过 1.5m/s。为分析比较各年的冰情，在我国海冰观测预报和研究工作中，以海冰的范围和厚度为标准，将我国冰情分为五个等级，即冰情轻冰年、偏轻年、常冰年、偏重年和重冰年[9]（图 1-1 和表 1-1）。

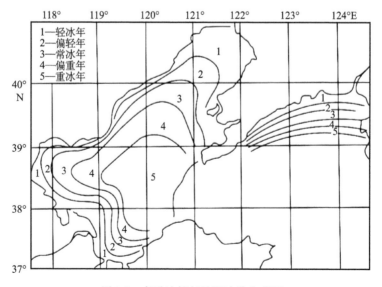

图 1-1　各种冰情年的海冰分布范围

表 1-1 中国海冰冰情预报等级

等级	海区	结冰范围/n mile	冰厚情况/cm
1（轻冰年）	辽东湾	小于 35	小于 15，最大 30
	渤海湾	小于 5	小于 10，最大 20
	莱州湾	小于 5	小于 10，最大 20
	黄海北部	小于 10	小于 10，最大 20
2（偏轻年）	辽东湾	35～65	15～25，最大 45
	渤海湾	5～15	10～20，最大 35
	莱州湾	5～15	10～15，最大 30
	黄海北部	10～15	10～20，最大 35
3（常冰年）	辽东湾	65～90	25～40，最大 60
	渤海湾	15～35	20～30，最大 50
	莱州湾	15～25	15～25，最大 45
	黄海北部	15～25	20～30，最大 50
4（偏重年）	辽东湾	90～125	40～50，最大 70
	渤海湾	35～65	30～40，最大 60
	莱州湾	25～35	25～35，最大 50
	黄海北部	25～30	30～40，最大 65
5（重冰年）	辽东湾	大于 125	大于 50，最大 100
	渤海湾	大于 65	大于 40，最大 80
	莱州湾	大于 35	大于 35，最大 70
	黄海北部	大于 30	大于 40，最大 80

1.2.3 冰情变化

目前全球气候变化正处于波动的高峰期，极端天气产生可能性更大。海冰初期形成阶段，主要受极端天气（寒潮次数、强度和频率）的影响，海冰对全球气候变化更具敏感性，因此，冰情随机波动的频率和幅度会增加，极端冰情（偏重年和重冰年）出现的概率更大，也就增加了海冰的风险强度和危害程度。

现有研究表明,尽管在全球变化大背景下,渤海海冰有整体减弱趋势,但极端事件时有发生[9-11]。将1950～2018年的冰情等级数据[2,13]进行汇总分析得到,全球变化影响下我国总体冰情逐渐减弱(图1-2),但3.5级以上极端冰情偶有发生。如1979年(5.0级)特大冰封期整个渤海被海冰覆盖,2010年1月中下旬达到近30年同期最严重冰情(3.5级,图1-3),2015/2016年常冰年(3.0级)渤海海冰面积达到33 000平方公里,超过渤海总面积的40%。

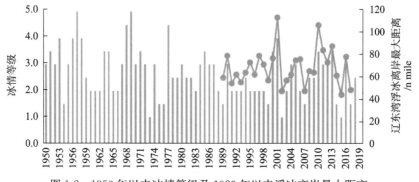

图1-2 1950年以来冰情等级及1989年以来浮冰离岸最大距离

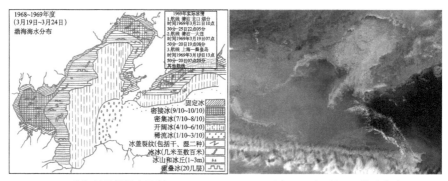

(a) 1969年特大冰封   (b) 2010年2月13日海冰分布

图1-3 历史上典型海冰分布情况

1.3　海冰灾害及工程承灾体

1.3.1　海冰灾害

海冰灾害是指海冰对海上交通运输、生产作业、海上设施及海岸工程等所造成的灾害，以及由于海冰引起核电、火电、冶金、化工等能源受损造成的灾害。海冰灾害是极地海域和某些高纬度海域最突出的海洋灾害之一。一般在冰情比较轻的年份里，海冰对海上活动不会产生明显影响，而在海冰冰情严重的年份则会造成灾害。海冰灾害致险途径大致包括：破坏海洋工程建筑和海上设施；堵塞取水口；挤压损坏舰船；封锁港口、航道；破坏海水养殖设施和场地。海冰灾害不仅会造成严重的经济损失，当海上石油生产、存储和运输装置遭到破坏时会产生溢油事故，造成严重的海洋环境污染，同时也可能危及人们的生命安全。

海冰灾害的危害不仅表现在上述直接后果。通过成灾链分析可以发现，海冰封港作为致灾因子，往往严重影响当地港口航运业的正常运行，从而造成更大范围的损失。我国有些年份的海冰冻结时间长达数十天，对港口所在地的生产和贸易，以及居民生活产生巨大的影响。对于一些港口城市，发达的临港工业对港口的依赖度很高，严重的海冰灾害必将影响城市的经济发展和社会稳定。

海冰可以推倒海上平台，破坏船舶和海洋工程设施，阻碍船只航行，另外海冰灾害还会给近海和滩涂养殖业带来损失[2]。1969 年我国冬季冰封期间整个渤海被海冰覆盖，一般冰厚为 20～30cm，最厚达60cm。导致"老二号"的生活，钻井平台在海冰的巨大推力下倒塌，对新中国的政治经济都造成了较大影响[3]。1977 年，"海四井"的烽火台也被海冰推倒[4]。2000 年 1 月 28 日，JZ20-2 中南平台在平整冰的作用下发生剧烈的稳态振动，造成 8 号井排空管线疲劳断裂，天然气泄漏，平台关断停产[5]。2009~2010 年冬季渤海及黄海北部发生的海冰灾害对沿海地区社会、经济产生严重影响，造成巨大损失。辽宁、河北、山东和天津沿海三省一市受灾人口达 6.1 万人，船只损毁 7157 艘，港口及码头封冻 296 个，水产养殖受损面积 207.87 千公顷。因灾直接经济损失高达 63.18 亿元[6,12]。

1.3.2 海冰灾害承灾体

人类在寒区活动主要包括交通运输和能源开发，其中交通运输相关的海洋工程结构包括船舶，灯塔，桥梁等；能源开发相关的海洋工程结构包括油气资源开发中的石油平台和风能开发设施[13]等。拓展到沿海工程，还包括港口和沿岸建筑[14]，以及各种能源电力等设施。

目前，抗冰海洋平台主要以固定式平台为主，按照平台基础与海底的连接方式，可分为桩式平台和重力式平台两种。桩式平台通过打桩的方法固定于海底，其中以钢质的导管架平台应用最为泛，属于窄结构。而重力式平台则依靠自身重量直接置于海底，这种平台的底部通常是一个巨大的混凝土基础（沉箱），由三个或四个空心的混凝土立柱支撑着甲板结构，属于宽大结构。在这两类冰区海洋结构物中，导管架结构比较经济，适用于边际油田。而沉箱结构造价相对昂贵，适用于油藏比较丰富的海域，结构特点是需要大量的砂石填料，通常建于附近土源充足的浅海区域。因此，我国渤海边际油田大都采用比较经济的导管架结构。

寒区油气资源开发是海冰研究的主要驱动力之一，附录 2 按照开发程度较高的典型冰区海域对各地区应用的主要结构类型进行了列举。

我国渤黄海有冰海域的沿海和海上经济体分布越来越密集，其中海洋工程主要包括：海洋石油勘探开发工程、沿海核电站工程、港口码头工程、跨海桥梁工程、沿海能源工程（风电、热电、火电、水电等）、沿海基地工程（石化储藏与炼化、钢铁等）。

结合海冰灾害的缓发性、属地性等特征，以及我国冰区海洋经济体的分布现状和重要性，重点考虑海洋石油勘探开发、沿海核电、港口码头等三类主要海洋灾害承灾体。

1.3.3 渤海石油平台

渤海石油平台结构形式包括沉箱和导管架两种，其中导管架结构的应用越来越广泛，除了多腿结构（通常为四腿）外，目前单腿结构形式已经由辅助平台逐渐推广到主平台，采油平台基本都采用了破冰锥体形式降低海冰影响（老平台安装破冰锥体改造；新平台设计阶段即为锥体形式）。由于平台所处海域的冰情差异，以及结构形式、动力性能、功能等结构抗冰性能差异，使得辽东湾海域平台结构海冰风险存在显著差异。目前冬季正在实施的海冰管理，可以有效降低油气开采过程中海冰带来的风险。

辽东湾是渤海油气资源开发较早而且非常密集的海域，特别是导管架形式的窄结构，冰激振动等海冰对结构的威胁影响比较显著。因此辽东湾的导管架式石油平台是海冰灾害风险评价的重要对象。

1.3.4 冰区滨海核电工程

我国第一座冰区核电工程——辽宁红沿河核电站工程进入商业运行阶段，核电厂在运行期间需使用大量的循环冷却水。我国寒区海域的核电工程正面临着冷源取水安全，特别是海冰对取水口可能构成的风险的新问题，我国尚无冰区核电工程运行经验，特别是冷源取水工程的防冰设计标准缺失，浮冰对冷源取水的影响机理尚不明确，使我国北方海域的经济产业、生态环境均暴露于核电浮冰灾害引发的未知风险之中。取水口运行状态的好坏直接影响电厂的安全运行性和可靠性，而取水口堵塞问题是其多发问题之一。浮冰与核电取水构筑物作用会发生冰堆积问题，容易引发浮冰下潜，造成浮冰被吸入取水口中进而引发取水口堵塞等问题。因此有必要对核电取水构筑物前的浮冰堆积问题进行分析，进而对核电冷源取水口安全问题进行分析和预警等工作。

核电冷源取水工程的海冰灾害模式主要包括两类：（1）海冰冲击取水构筑物引发结构性失效[15]，由于冰荷载研究[16-21]及抗冰结构设计规范已经较为完善[13,22,23]，此类海冰灾害基本处于"设计阶段可抵御、运行阶段可管控"的状态。（2）海冰堵塞取水通道影响冷源取水功能。受制于冰情条件和工程设施差异，不同海域的取水通道海冰堵塞机制和影响程度存在显著差异，处于"风险程度高、诱因多样化、研究不均衡"的现状：国外，市政取水工程等出现本地碎冰晶（frazil ice）诱发取水通道堵塞的现象，并开展了碎冰晶生长演变过程的相关研究[24-27]；国内，丹东电厂、黄骅电厂曾发生外来浮冰块堵塞取水口的事故，但并未开展相应的研究，目前仍以企业行为的冬季冰情观测与灾情应急防范措施为主，其中包括红沿河核电站安全保障海冰观测工作[28]。伴随着核电工程的快速发展，研究针对我国冰情条件下取水工程海冰动力聚集的堵塞机制，为建立海冰堵塞的评价和防控方法提供直接依据，是核电冬季风险监控和冰期运行管理的迫切需求。目前，寒冷地区大型水电站、市政供水系统、抽水蓄能电站等取水工程在不同程度上面临着因冰堵塞取水口的风险[24,29,30]，极端情况下引发企业停产或城市供水的中断[24]。

较之浮冰堆积对冰荷载影响的传统研究[2,31,32]，取水工程面临的浮冰堆积问题相对特殊,更关注浮冰堆积聚集形态在时空维度上的发展变化情况,特别是浮冰分布、冰速等因素对浮冰堆积形态的影响。因此,本书针对北方冰区核电站的取水口内浮冰堆积问题,采用离散元的方法,分析了浮冰密集度和速度对取水口浮冰堆积的发生与发展状况的影响程度,探究影响浮冰堆积程度的关键因素及其影响规律。本书的相关研究成果可以用于评估、预测高寒地区取水工程的浮冰堆积情况,对取水口的浮冰堆积高度进行预判,对取水口可能发生浮冰堵塞等问题进行评估。为高寒地区核电取水口的浮冰危害分析及防治等工作提供借鉴和参考。

1.4 研究背景

20世纪60年代我国开始海冰观测的相关工作,成为结冰海区海洋站的一项经常性观测任务,并相继发展了沿岸台站测量、破冰船海冰调查、卫星航空遥感和平台定点观测等冰情观测手段,获得了大量海冰冰情资料。但是,我国的冰情监测呈现海域局地性或时间间断性的特点,根据冰情发布、预报和不同结构物预警等不同目标所进行的冰情观测内容和精度也存在显著差别;同时,观测冰情的即时发布工作尚未全面展开,不能及时应用于海冰灾害的应急处置决策。目前冰情观测技术研究的重点在于测量设备的研制,而同步开展的冰情相关热力动力的海洋要素观测信息较为有限,这为冰情预测和海冰灾害的预报带来较大的局限性。因此现阶段海冰观测的研究和应用对于国家应对灾害的快速决策、实际工程指导与海冰灾害动态评估有较大局限。

由于人类活动才会有灾害风险的存在。海冰灾害预警必须与经济体特性相结合。随着对海冰灾害问题认识的不断深入,自20世纪80

年代开始，国内专家学者在海冰灾害与预防措施[33-35]、海冰数值预报[36,37]、工程应对策略[38-41]和海冰灾害机理[42-44]等方面开展了大量的研究与应用工作。现有的海冰预警大多只停留在对于海冰冰情本身的描述。如我国《风暴潮、海浪、海啸和海冰灾害应急预案》[45]最新标准中，根据冰量、海冰增长趋势和各海域冰边缘线制定海冰灾害应急响应分为Ⅰ、Ⅱ、Ⅲ、Ⅳ级，分别对应特别重大海洋灾害、重大海洋灾害、较大海洋灾害、一般海洋灾害，各涉海行业可参考标准采用应对策略。国巧真等[46]根据海冰对船舶产生的灾害，提出了冰厚、冰密集度和冰期三个海冰参数作为海冰灾害的影响因素，并以此建立了零风险、低风险、高风险三个海冰灾害风险等级。但由于各类海洋工程结构物海冰灾害分类各不相同，占据控制影响的海冰因素存在差异，对于能够指导开展结构物冰灾评估的冰情信息内容和精度需求各不相同。因此，现有研究成果尚不能满足企业应用、技术开发、国家管理等各层次的需求。

我国约有70%以上的大城市，一半以上的人口和近60%的国民生产总值都集中在沿海地区。特别是近十年来，我国沿海经济产值以10%量级连续增长。

首先，海洋经济体类别不断丰富，从传统的海上油气平台和港口与海岸工程，扩展到核电等大型能源工程、石化炼化等大型基地工程，以及规划中的跨海大桥、风力发电等海洋工程。对传统海洋工程中的海冰灾害风险已经认识的较为全面，并采取了相应的防控措施。但是对于新兴海洋经济产业而言，其海冰风险问题尚未明晰，没有进行系统考虑。使得这些产业，特别是如核电工程这种涉及国计民生的行业存在着非常大的风险，一旦发生了风险事故，后果难以想象。其次，海洋经济体的分布也是快速增长，这些也使得风险事故发生的概率显著增加。

作为海洋经济发展主要承灾体的沿海大型海洋工程结构，在冰期一旦发生重大或突发灾害，会显著增加救助难度和灾害损失。

1.5　研　究　方　法

1.5.1　海冰灾害风险评估研究方法

风险是危险、危害事故发生的可能性与危险、危害事故所造成损失的严重程度的综合度量。在我国有冰海域作业的海洋工程主要是核电工程、油气勘探工程和港口码头工程等。海冰灾害风险评估应当基于人、物、环境的因素，分析危险、危害事故发生的可能性和危险、危害事故所造成损失的严重程度，并根据具体量化的指标提出海冰灾害风险的综合度量，客观且直观地描述危险程度，以指导采取相应防范措施降低工程的危险性。

1. 海冰灾害风险评估基本组成

为使风险评估方法能够有效运行，必须按照严格的评估流程进行具体风险评估[47]。主要包括风险识别、风险指标体系构建、风险量化分析和风险评估结论确定四个重要流程。

1) 风险识别

风险识别是指用感知，判断或归类的方式对现实的和潜在的风险性质进行鉴别的过程。风险识别是风险评估的第一步，也是风险评估的基础。风险识别过程包含感知风险和分析风险两个环节。感知风险：即了解客观存在的各种风险，是风险识别的基础，只有通过感知风险，才能进一步在此基础上进行分析，寻找导致风险事故发生的条件因素，为拟定风险处理方案，进行风险管理决策服务。分析风险：即分析引起风险事故的各种因素，它是风险识别的关键。

根据海冰灾害风险的偶发性、缓发性和属地性等特点，采用调查列举法对国内外典型海洋工程已发和易发重大灾害和次生灾害的案例分类分析，确定主要海冰风险模式，提出海冰灾害致险原因和风险源。

2）风险指标体系构建

评估指标体系是指由表征评估对象各方面特性及其相互联系的多个指标，所构成的具有内在结构的有机整体。风险评估指标体系是风险评估的关键环节。通过对风险分类与细化原因分析，确定不同级别的指标体系。

海冰灾害风险较之其他灾害风险更为复杂。首先，由于海冰受到气象、水文等复杂环境条件的影响，使得海冰的生消运移等热力动力特征存在着极大的不稳定性和不确定性，同时，海冰参数非常丰富，包括冰型、冰厚、冰速、密集度、外缘线等，且相互之间密切相关，这就使得海冰本身的客观表征非常困难；其次，由于冰区海洋工程形式的多样性，天然海冰材料的离散性等，导致了海冰灾害类别和风险模式的多样性，提出结构相关的共性和特性特征指标更需要深刻的理论支撑；另外，海冰灾害风险评估是集自然、工程、管理等因素于一体的体系，在确定评估指标时均需进行考虑。

因此，为了体现海冰风险的全面性和客观性，需要确定各级风险评估指标，并确定指标的权重和评分标准。

3）风险量化分析

风险量化用于衡量风险概率和风险对项目目标影响的程度，它依据风险管理计划、风险及风险条件排序表、历史资料、专家判断及其他计划成果，利用灵敏度分析、决策分析与模拟的方法与技术，得到量化序列表、项目确认研究以及所需应急资源等量化结果。

依据风险的不同类型，风险量化可分为确定性风险量化和非确定性风险量化。对于确定性风险，通常采用盈亏平衡分析和敏感性分析等技术在各种方案之间进行选择；而对于不确定性风险，则往往采用概率分析法、期望值法以及概率树法加以分析。

鉴于海冰灾害风险特点和现阶段研究进展，采用历史资料分析和专家评判的方法进行研究与确定。

4）风险评估结论确定

风险值（R）等于事故发生的概率（P）与事故损失严重程度（S）的乘积，数学表达式为：R＝P×S。通过对危险的可能性等级和严重性等级的定性分析得到可比较的风险评价结果。

根据风险指标和评价结果，给出整体风险量化结果，进而确定工程海冰灾害整体风险等级。依照《自然灾害风险分级方法》MZ/T 031—2012，进行海冰灾害风险分级，包括重大风险、较大风险、一般风险和低风险。

依据风险评估结论给出应对策略。如有必要，需重新进行风险评估，直至将风险控制在允许范围之内。

2. 风险评估模型指标体系类别

应用综合指数法，采用风险计算模型 $Risk＝F(H，V，R)$ 建立石油平台海冰风险评估指标体系并进行风险计算，其中，H 为危险性（Hazard），V 为脆弱性（Vulnerability），R 为减灾能力（Resistance ability）。需要对危险性指标 H，脆弱性指标 V，减灾能力指标 R 分别进行等级划分和赋值，其中海冰危险性指标等级用极高、高、中等、底、极低来定性描述，与其相对应的定量值分别为 5，4，3，2，1；结构脆弱性指标等级和减灾能力等级用高、中、低定性描述，与其对应的值分别为 5，3，1。

由于石油平台的海冰灾害风险模式不同，因此在建立风险评估指标体系及确定评估模式时，可以通过整体风险评估和分模式风险评估两种方式进行。整体风险评估需要通过二级指标权重和赋值，直接计算获得危险性指标 H、脆弱性指标 V、减灾能力指标 R 结果进行计算整体风险结果 I_e，如公式（1-1）所示；分模式风险评估结果首先需要计算不同模式风险计算结果 $I_{s,i}$，它是通过该风险模式的危险性 H_i、脆弱性 V_i 和减灾能力指标 R_i 计算得到的，如公式（1-2）所示，再考虑不同模式的风险结果权重系数累加计算得到 I_s，如公式（1-2）所示或选取风险级别最高的风险结果 $I_{s,max}$，如公式（1-3）所示。

$$I_e = HVR = \sum_i \omega_i H_i \sum_j \omega_j V_j \sum_k \omega_k R_k \qquad (1-1)$$

其中，I_e 是整体风险评估结果，H，V，R 分别为整体危险性、脆弱性、减灾能力指标；i，j，k 分别为 H，V，R 二级指数的个数；H_i，V_j，R_k 分别为二级指标，ω_i，ω_j，ω_k 分别为二级指数的权重系数。

$$I_s = \sum_i \lambda_i I_{s,i} \qquad (1-2)$$

$$I_{s,max} = \max I_{s,i} \qquad (1-3)$$

其中，I_s 是综合指数法计算的分模式风险评估计算结果，$I_{s,max}$ 是最大风险取值的分模式风险评估计算结果，$I_{s,i} = H_i V_i R_i$ 为第 i 种风险模式的风险计算结果，λ_i 为第 i 种风险模式的权重。

1.5.2　工程海冰灾害风险防范策略

海冰灾害风险是客观存在的，但若采取适当措施，也是完全可以防范的。在一定条件下，能够避免风险的发生或最大限度地降低风险损失。

首先，以企业为主体的工程措施较为传统且直接有效。包括（1）根据海冰灾害致灾原因消除风险源，如将核电工程等高风险工程规划建设在无冰海域；（2）工程结构的抗冰设计[48]，如渤海冰区导管架石油平台潮差位置的简化构件形式，并安装破冰锥体以降低海冰冲击作用带来的风险[49]，采用减振策略降低冰激结构振动[50-53]；（3）防御工程与措施，如具有防护功能的护波堤和导流堤，定期对石油设施进行巡检和评估，及时发现事故隐患和潜在危害并进行修复的冬季海冰管理措施等；（4）采取减灾措施，如辽东湾冬季油气开发的破冰船职守，油气平台的冲冰措施等。

其次，开展海洋工程海冰灾害风险排查工作，可以了解海冰灾害风险基本情况，有效提高海洋灾害防御能力，减少海洋灾害损失，并为海洋灾害防御管理与决策服务。2011年国务院决定开展沿海大型工程海洋灾害风险排查和海洋灾害风险评估区划工作。

再次，加强海冰灾害风险的监测与预警。对高风险区进行实时监控，一旦发现险情及时报警。自动监测系统可以全天候工作，有效弥补人工监测的不足，大大提高了海冰灾害的应对能力和效率。

最后，完成从政府、管理部门和企业的多层次海冰灾害风险动态监管。目前的风险评估工作大多停留在围绕冰情描述的灾害响应分级和基于历史经验的应急策略实施，对社会各阶层、各行业防灾减灾快速处置行为决策和实际海洋工程结构物防灾处置的指导性不强。采取在整个冰期停止结构物运行的传统方法过于保守，直接影响沿海地区经济发展和企业经济效益；因对海冰冰情和海冰灾害判断的不准确而引发突发的险情事故，所需要采取的临时应急方案，如渔船营救、港口破冰等，都需要具有指导性和时效性的冰情发布信息和结构安全评估体系。现有研究主要以历史数据统计为风险评估依据，尚需完成国家、地方政府和企业集团对重大灾害尤其是灾难性灾害的监控管理任务。

参 考 文 献

[1] 邹和平，牟林，董军兴，等. 构建我国海洋灾害风险评估管理机制初探. 海洋开发与管理，2011，11：23—27.

[2] 丁德文. 工程海冰学概论. 北京：海洋出版社，1999.

[3] 段梦兰，方华灿，等. 渤海老二号平台被冰推倒的调查结论. 石油矿场

机械，1994，23（3）：1—4.

［4］包澄澜．海洋灾害及预报．北京：海洋出版社，1991.

［5］大连理工大学．JZ20-2平台冰激振动测量与分析、海冰监测与预报，2000.

［6］国家海洋局．2009年中国海洋灾害公报，2010.

［7］Tuomo Kärnä. Risks Induced by Sea Ice in the Arctic，Dalian，26 April 2011.

［8］张方俭．我国的海冰．北京：海洋出版社，1986.

［9］国家海洋局．中国海冰情预报等级．1973年.

［10］王世金，效存德．全球冰冻圈灾害高风险区：影响与态势．科学通报，2019，64（9）：19—29.

［11］秦大河．应对气候变化加强冰冻圈灾害综合风险管理．中国减灾，2017，（1）：12—13.

［12］孙劭，苏洁，史培军．2010年渤海海冰灾害特征分析．自然灾害学报，2011，20（6）：87—93.

［13］Popko W，Heinonen J，Hetmanczyk S，Vorpahl F. State-of-the-art comparison of standards in terms of dominant sea ice loads for offshore wind turbine support structures in the Baltic Sea. Proc. 22nd International Offshore and Polar Engineering Conference（ISOPE），Rhodes，Greece，June 17—22，2012.

［14］卞亚芹，于雯雯．东营港某桩基引桥工程防冰设计．水运工程，2012，466（5）：92—95.

［15］李志军，严德成．海冰对海上结构物的潜在破坏方式和减灾措施．海洋环境科学，1991，10（3）：71—75.

［16］Zhang D Y，Xu N，Guo L W，Liu D. Sea ice problems in Bohai Bay oil and gas exploitation. Journal of Coastal Research，2015，73：676—380.

［17］Hu L M，Zhao M，Pu J L. Centrifuge modeling of an offshore water-intake project under ice loading. Applied Ocean Research，2010，32：49—57.

［18］Yue Q J，Bi X J，Kärnä T. Dynamic ice forces of slender vertical structures due to ice crushing. Cold Regions Science and Technology, 2009, 56: 77—83.

[19] Qu Y, Yue Q J, Bi X J, Kärnä T. A random ice force model for narrow conical structures. Cold Regions Science and Technology, 2006, 45: 148—157.

[20] Løset S, Shkhinek K N, Gudmestad O T, Høyland K V. Actions from Ice on Arctic Offshore and Costal Structures. St. Petersburg, Russia, 2006.

[21] Huang Y, Ma J J, Tian Y F. Model tests of four-legged jacket platforms in ice: Part 1. Model tests and results. Cold Regions Science and Technology, 2013, 95: 74—85.

[22] ISO 19906. Petroleum and Natural Gas Industries-Arctic Offshore structures. International Organization for Standardization, 2010, Geneva, Switzerland.

[23] Frederking R. Comparison of standards for predicting ice forces on arctic offshore structures. Proc. 10th ISOPE Pacific/Asia Offshore Mechanics Symposium, Vladivostok, Russia, October 3—5, 2012.

[24] Richard M, Morse B. Multiple frazil ice blockages at a water intake in the St. Lawrence River. Cold Regions Science and Technology, 2008, 53: 131—149.

[25] Richard M, Morse B, Daly S F, Emond J. Quantifying suspended frazil ice using multi-frequency underwater acoustic devices. River Research and Applications, 2011, 27: 1106—1117.

[26] Gebre S, Alfredsen K, Lia L, Stickler M, Tesaker E. Ice effects on hydropower systems, a review. Journal of Cold Regions Engineering, 2013, 27 (4): 196—222.

[27] Nikolai V, Nikolai L, Alexandr S. The Water Intake Facility for Diversion HPPs in Winter Operation Conditions in an Urban Area, Procedia Engineering, 2015, 117: 369—375.

［28］国家海洋环境监测中心．辽宁红沿河核电站及其附近海域海冰监测研究报告．大连，2013—2021.

［29］Hopkins M A，Frankenstein S，Thorndike A S. Formation of an aggregate scale in Arctic sea ice. Journal of Geophysical Research，2004，109：1—10.

［30］季顺迎，李春花，刘煜．海冰离散元模型的研究回顾及展望．极地研究，2012，24（4）：315—329.

［31］李春花，王永学，李志军，孙鹤泉．半圆型防波堤前海冰堆积模拟．海洋学报，2006，28（4）：172—177.

［32］Selvadurai A P S，Sepehr K. Two-dimensional discrete element simulations of ice-structure interaction. Interactional Journal of Solids and Structures，1999，36：4919—4940.

［33］邓树奇．渤海海冰灾害及其预防概况．灾害学，1986，（创刊号）：80.

［34］张方俭，费立淑．中国的海冰灾害及其防御．海洋通报，1994，13（5）：75—83.

［35］郑沛楠，闻斌，张勇，王彦磊．海冰灾害风险分析．Chinese Perspective on Risk Analysis and Crisis Response（RAC-2010）：457—462.

［36］刘钦正，刘煜，白珊，等．2002～2003渤海海冰数值预报．海洋预报，2003，20（3）：61—67.

［37］李春花，刘煜，白珊，等．2004～2005年度冬季渤海海冰数值预报．海洋预报，2006，23（1）：1—8.

［38］李志军，严德成．海冰对海上结构物的潜在破坏方式和减灾措施．海洋环境科学，1991，10（3）：71—75.

［39］史庆增，苏彪，刘波．海冰对海上油气工程的破坏及减灾措施．石油工程建设．2005，31（4）：19—23.

［40］孔祥鹏，张波，张勇．浅水区斜坡人工岛海冰危害及减灾措施．大连海事大学学报．2007，33（4）：101—104.

［41］付博新，宋向群，郭子坚，等．海冰对港口作业的影响及应对措施．水道港口，2007，28（6）：444—447.

［42］刘进生．港重力墩式码头冰荷载分析研究及抗冰结构设计．天津：天津大学博士学位论文，2006.

［43］屈衍．基于现场实验的海洋结构随机冰荷载分析．大连：大连理工大学博士学位论文，2006.

［44］宋秀凯，张宜奎，马建新，等．2010年莱州湾海冰对贝类养殖影响．齐鲁渔业，2010，27（8）：32—33.

［45］国家海洋局．风暴潮、海浪、海啸和海冰灾害应急预案，2009.

［46］国巧真，顾卫，李京，等．基于遥感数据的渤海海冰灾害风险研究．灾害学，2008，23（2）：10—14.

［47］黄崇福．自然灾害风险评价理论与实践．北京：科学出版社，2005.

［48］杨国金．渤海抗冰结构设计中的若干问题．中国海上油气（工程），1994，6（3）：5—10.

［49］岳前进，许宁，崔航，等．导管架平台安装锥体降低冰振效果研究．海洋工程，2011，29（2）：18—24.

［50］张力．导管架海洋平台冰激振动控制的实验研究．大连：大连理工大学博士学位论文，2008.

［51］李德权．抗冰平台冰激振动抑制策略研究．大连：大连理工大学博士学位论文，2009.

［52］王翎羽．利用深液TLD装置减小结构振动的研究．海洋工程，1996，14（4）：76—82.

［53］张力，张文首，岳前进．海洋平台冰激振动吸振减振的实验研究．中国海洋平台，2007，22（5）：33—37.

2 工程海冰灾害主要理论

海冰对海洋结构物的冲击作用是冰区海洋工程事故和风险的主要诱因。海冰冲击力的能量主要来自风、流、热力膨胀和海冰之间的相互作用。结合海冰破碎和清除机制，分别介绍极值冰力、动冰力和海冰堆积三种主要海冰灾害风险源，极值冰力推倒结构、冰振引发结构疲劳破坏、冰振损坏上部设备和冰堆爬坡损坏设备四种结构风险模式。

2.1 工程海冰灾害主要风险模式及诱因

2.1.1 工程海冰灾害风险模式

海冰灾害对引起海洋工程失效的风险模式形式、形成机理和影响方式各不相同，即使同样的风险模式，对于不同类别的工程结构所产生的可能后果的也有所差异。附录 4 对已发生海冰灾害典型案例进行整理。根据案例分析和理论研究，提出了四类海冰灾害风险模式，进行了案例分析、机理解释和可能后果说明：

（1）结构整体失效

典型案例：1969 年"海二井"的生活，设备和钻井平台在海冰的巨大推力下倒塌。1977 年，"海四井"的烽火台也被海冰推倒。20 世纪 70 年代芬兰波斯尼亚湾多座灯塔被流冰推倒。

风险源：极端情况下的静力作用、持续动力冲击。

可能后果：主要取决于结构的功能和形式，如果是油气平台等主体结构，则会引起经济损失、环境污染和人员伤亡等最为严重的后果。

（2）结构局部构件失效

典型案例：JZ20-2 BOP 某桩腿外加立管，水面上的管卡根部发生开裂，裂纹长度达到支撑杆周长的 1/3。19 世纪 60 年代的 Baltic 海灯塔为钢质材料，经过 5～6h 的海冰磨损后被切断。

风险源：持续动力冲击，腐蚀，冻胀。

可能后果：取决于破损构件的功能，如案例中引发立管断裂和管内输运液体外泄，如溢油等严重事故的发生。

（3）重要设备失效

典型案例：2000 年 1 月 28 日，JZ20-2 中南平台 8 号井排空管线疲劳断裂，天然气泄漏，平台关断停产。2007 年 1 月 5 日，辽宁省葫芦岛市龙港区先锋渔场，坚硬的冰块堆积上岸推倒民房。

风险源：持续动力冲击作用下结构发生剧烈振动；海冰堆积上爬。

可能后果：主要取决于破损设备的功能，如果是工程运行关键部件，或者可能引发严重的次生灾害，后果严重。

（4）要害通道堵塞

典型案例：绥中电厂、黄骅电厂和丹东电厂都曾经发生过取水口被海冰堵塞的情况。

风险源：海冰局部堆积。

可能后果：处在冰区的此类能源工程的取排水口等要害通道位置都可能由于海冰堵塞而受到影响，波及整个能源工程的工作效率，进而对下游产业链产生影响，甚至可能停电类似的事故，造成极大的社会影响。同时，如果核电工程的取水口由于海冰堵塞而导致取水效率降低，会直接威胁到核岛的安全运行，一旦发生事故，后果不堪设想。

2.1.2　工程海冰灾害风险诱因

致险原因：导致风险或者灾害的原因和机理，是致灾因子、孕灾环境和承灾体等灾害分析指标的综合体现。

通过对国内外的相关事故案例的分析，在位海洋工程的海冰灾害风险源主要包括极值冰力、交变冰力、海冰堆积和冻胀力四类。

通过对附录4"已发生海冰灾害典型案例"和"易发海洋灾害案例"中36个事故实例进行分类（图2-1）由极值冰力和交变冰力作用引发的事故和隐患为18例，占总事故的50%，成为最主要的风险源；由于海冰堆积的成因、模式和影响方式不同，海冰堆积类型复杂，包括坡前堆积、局部堆积和内部堆积，所引发的事故或隐患也不尽相同，如护波堤破损、取水口堵塞等，也是重要的海冰灾害风险源；当工程处于潮差大、气温低、冰厚度高的有冰海域时，冻胀力会对结构

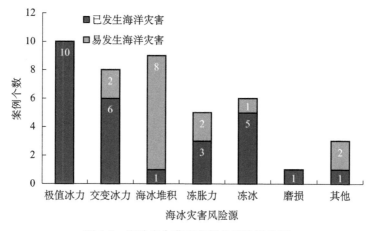

图2-1　海冰灾害典型案例的风险源分析

的整体稳定性和局部构件强度带来巨大威胁；由冻冰造成船舶失稳、海冰磨损导致构件损坏等海冰事故在国内较少发生，由于对船舶和渔业等其他非工程类海洋经济体的影响不作为本书的分析重点，未进行详细说明分析。综合考虑我国冰区海洋工程特点和冰情环境特征，本书重点考虑极值冰力、交变冰力、海冰堆积、冻胀力四种风险源。

2.2　工程海冰灾害成灾机理

上述风险源的引发灾害主要是由于海冰对结构的作用，作用的能量主要来自风、流、热力膨胀和海冰之间的相互作用[1]，如图 2-2 所示。下面分别介绍四种海冰灾害风险源使海洋工程结构物失效的机理，即海冰灾害的成灾机理。

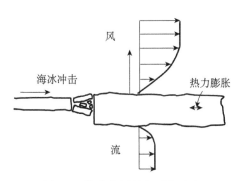

图 2-2　海冰作用的主要驱动力

2.2.1　极值冰力

1. 形成机制

极值冰力不仅包括静力作用，还包括瞬态海冰冲击作用[2]。极值冰力的形成及影响主要与极限准则、海冰破坏模式、冰/结构接触面特征等相关。其中，海冰对结构物的冲击作用的极限准则[3]，主要包括环境驱动力准则、动量准则、极限强度准则。极限应力准则，即大面积冰板作用于结构物，产生的最大作用力等于使冰破坏的力，即冰的最终破坏表征力的极值；极限动量准则，即孤立的浮冰块以一定速度作用在结构上，但浮冰没有发生整体破坏，此时浮冰传递给结构的作用力，近似等于由浮冰的动量转换而来的力；极限力准则，即浮冰受到上下表面拖曳力（上表面的风力以及下表面的海流力）作用，和结构接触并且保持相对静力平衡，此时结构受到的最大作用力，近似等于风和海流的拖曳力。

海冰破坏模式主要包括压缩破坏（蠕变、韧性、韧脆转变、脆性）、弯曲破坏、屈曲破坏、劈裂破坏等；冰与结构接触面特征更为复杂，摩擦系数、结构形式与尺寸等决定了海冰的受力状态、是否发生同时破坏[4]，这些都直接决定了极值冰力的大小与形式。

2. 可能引发的海冰灾害风险模式

极值冰力可能对结构的局部构件或整体结构造成破坏性损害，进而导致灾害事故的发生。风险模式主要分为以下四个方面：

（1）局部结构强度失效

当局部冰压力超出迎冰构件的极限强度，会发生因局部构件破损而发生的强度失效。

（2）局部结构刚度失效

当局部冰压力使得迎冰局部构件变形过大，会因局部构件刚度失效而导致部分功能丧失。

（3）整体结构刚度失效

在极值冰力作用下结构整体变形超出允许变形，则会发生结构刚度失效。

（4）整体结构稳定性失效

当极值冰力超过结构的极端承载力时，结构会发生整体坍塌。

参考建筑结构在地震荷载下的功能描述，极端冰荷载下结构的破坏状态、等级如表 2-1 所示，其中 H 是结构整体高度[5]。

表 2-1 极端冰荷载下海洋结构物的破坏等级

功能等级	破坏状态	结构相对变形
I	基本完好	$\Delta < H/500$
II	轻微破坏	$H/500 < \Delta < H/250$
III	中等破坏	$H/250 < \Delta < H/125$
IV	严重破坏	$H/125 < \Delta < H/50$
V	倒塌	$\Delta > H/50$

2.2.2 交变冰力

1. 形成机制

当海冰持续不断穿过结构时，会对结构产生周期性的冲击载荷，即动冰力。动冰力产生就要求海冰必须直接作用于结构，即破坏冰块可以在短时间内被完全清除。因此动冰力通常发生在较窄结构上，主要包括直立结构和加锥结构。在动冰力的作用下，结构会发生不同程度的振动，即冰激振动。当交变冰力频率与结构频率一致时，则会因共振而引发强烈振动。

对于直立结构和加锥结构的交变冰力问题已经开展了半个世纪的研究。其中，岳前进等基于现场原型结构测量[6]，从海冰材料裂纹生成与扩展的微观和细观相结合的角度揭示了动冰力的形成机理，提出了的冰激直立结构稳态振动的自激冰力解释[7,8]，建立了锥体结构确定性和随机性冰力函数并讨论了各参数的影响因素[9-11]。其中，直立结构自激冰力时程如图 2-3 所示，加锥结构随机性冰力时程如图 2-4 所示。IEC[12]和 ISO[13]等国际标准也对动冰力形式进行了说明[14]。

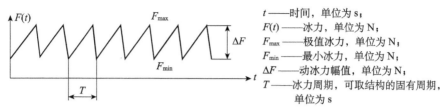

图 2-3 直立结构自激冰力时程

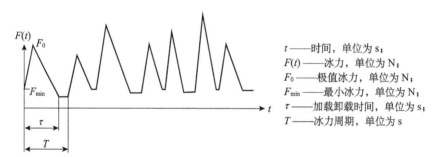

图 2-4 简化的加锥结构冰力函数

结构在交变冰力作用下的动力方程为

$$M\ddot{X} + C\dot{X} + KX = F(t) \tag{2-1}$$

其中，M，C，K 分别为结构的等效质量，等效阻尼和等效刚度；X 为结构响应，$F(t)$ 为动冰力函数。

根据动力学理论，冰力周期对结构冰激振动具有控制影响。冰力周期 T_i 可以认为是海冰在结构前破坏时的断裂周期 T_b，可以通过海冰断裂长度 L 与海冰/结构相对运动速度 V_r 的比值进行计算[4]。

$$T_i = T_b = \frac{L}{V_r} \tag{2-2}$$

其中，T_i 为冰力周期，L 为海冰弯曲断裂长度，V_r 为海冰和结构的相对运动冰速。

根据直立结构自激冰力解释，在特定的冰速下，海冰实际应变速率处于韧脆转变区间，冰力周期和海冰断裂周期被结构调制至结构周期，冰的破碎过程会与结构振动产生耦合，从而发生频率锁定的稳态冰力和简谐形式的结构稳态振动。通过安装破冰锥体可以扰乱特定条件下直立结构前挤压破坏和结构振动的耦合，从而避免会引发结构稳态振动的频率锁定冰力。当加锥后结构频率与冰力频率相近时，也可能发生比较显著的振动。如，渤海抗冰导管架平台的结构自振频率大约在 1Hz 左右。锥体冰力周期在 0.5～4s 的范围，其中在 1s 左右出现多次，这充分说明冰力周期完全覆盖了结构的自振周期。

2. 可能引发的海冰灾害风险模式

冰激振动会引起结构关键节点的周期性疲劳损伤，也会极大影响作业人员的舒适度和上部设施的正常运行。

(1) 结构疲劳失效

结构疲劳损伤是由于管节点热点应力反复作用引起的。结构热点在显著应力（S）水平达到规定次数后（N），即会发生疲劳失效。长期的冰激结构疲劳累积损伤效应会导致结构抗力衰减，甚至会引起结构因抗力不足而失效。一般来说，出现概率较大的常规冰荷载对平台结构损伤较大，而概率较小的极端冰荷载对平台的影响并不大。

(2) 设施功能失效

结构的强烈冰激振动会对上部设施产生直接影响，此时平台甲板相当于振动台，会引发上部工作构件产生鞭梢效应，特别是对无抗振能力的关键功能性设备或构件可能造成直接破坏。对生产天然气的平台，上部布置错综复杂的天然气管线，这些管线在长期的冰振作用下，可能使管道的连接部件发生松动，轻则引起泄露，重则会断裂而引起爆炸，给平台的安全生产带来不同程度的风险和经济损失。

(3) 工作人员感受影响

根据国家标准《人体全身振动暴露的舒适性降低界限和评价准则》（GB/T 13442—92）[15]，冰激振动对作业人员的影响可以归结为以下几种：轻微影响；舒适性降低；工效降低；影响健康。图 2-5 给出了根据国家标准给出的相应的频率在 1～2Hz 时人体所能承受的等效加速度和等效暴露时间界限值区域。

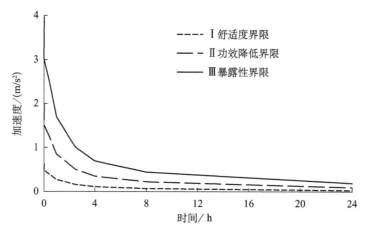

图 2-5　人体的不同感受状态所对应的等效加速度与等效暴露时间界限值

2.2.3　海冰堆积

1. 形成机制

流冰与结构作用破碎后，若由于结构的阻挡等原因没有及时清除，便会形成大量的堆积。通常破碎冰块的堆积发生在宽大结构前，许多研究学者针对此类堆积冰的成长、尺寸、冰荷载等问题开展了大量的研究[16-19]，各种规范中的极值冰力计算也都涉及冰堆积的相关内容[12,13,20]。

根据渤海现场观测和海冰风险研究，除了传统意义上宽大结构前的海冰堆积外，破碎冰也可以不同形态聚集于密布的迎冰构件附近，如石油平台桩腿间隔水套管群，核电取水口粗格栅，不同类别的海冰堆积形态和造成的危害都有差别。

根据海冰堆积的形成位置、过程和机理，将海冰堆积分为三种：坡前冰堆积、局部冰堆积、内部冰堆积。

坡前冰堆积是指破碎冰板堆积于宽体结构前，无论是斜面结构或直立结构，都有可能发生坡前冰堆积情况，如图 2-6 和图 2-7 所示。

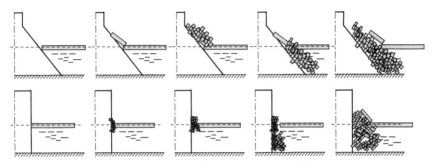

图 2-6　冰的坡前堆积形成过程示意图

图 2-7　JZ9-3 沉箱平台和典型的坡前堆积情况

局部冰堆积是指冰块聚集于密布构件前。如采油平台桩腿间有密布的隔水套管群，或者沿海核电等能源工程的关键取水通道不同密度的格栅与筛网，都可能会形成较大面积的冰堆积，如图 2-8 所示。密布构件前的局部冰堆积与宽大结构的坡前堆积有相似的特征。

内部冰堆积是指冰在群桩结构的桩间或桩内部发生堆积。内部冰堆积的形成，主要是由于冰与结构作用后，破碎冰聚集挤入到结构水面构件所围成的有限空间内（如桩群）且无法及时排出，同时后续破碎冰的不断涌入造成堆积的增长。内部冰堆积发展过程示意图如图 2-9和图 2-10 所示。

图 2-8 JZ20-2MUQ 平台全景和典型的坡前堆积情况

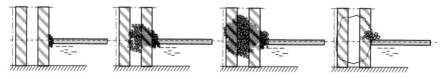

图 2-9 内部冰堆积的发展过程示意图

图 2-10 JZ9-3WHPA 平台及隔水套管群内部冰堆积

2. 可能引发的海冰灾害风险模式

上述三种海冰堆积形态可能引发海冰灾害模式和造成结构破损或功能失效的形式主要包括以下几种：

（1）结构上部设备或建筑受损

海冰沿着堆积冰上爬到距离冰面一定高度的结构上，会对结构上部设备或建筑产生挤压等形式的破坏，如上爬至护波堤坝之上破坏岸上建筑，如上爬至平台底层带缆过道并将围栏挤压变形。

（2）整体结构稳定性影响

海冰堆积会增大海冰对结构的作用面积，进而会造成冰力的增加。如果破碎的堆积冰处于松散状态，很容易消耗冰力的输入能量，进而降低单位接触面积上的有效冰力。但如果坡前堆积冰冻实，则可能对结构整体产生危害性作用力。

（3）阻冰构件破损

对于本身无抗冰功能的迎冰构件受堆积冰的冲击或冻结作用后，极易发生强度或刚度破坏。进而引发部分功能失效或危及结构整体安全。

（4）对关键取水通道的影响

由于堆积冰较常规自然海冰而言尺寸很大，如若堆积冰生长于或漂移至关键取水通道位置，会直接引发取水效率降低，进而影响工程正常运转。对于核电这类具有特殊用水需求的工程，其带来的影响是必须重视的。

2.2.4 冻 胀 力

1. 形成机制

由于我国有冰海域潮差大，冻结于固定冰区的工程结构会随着潮位的显著变化和海冰热膨胀效应而受到影响。

2. 可能引发的海冰灾害风险模式

主要包括对结构局部强度和整体稳定性的影响。

（1）结构局部强度失效

当海冰热膨胀效应显著时，或海冰随水位变化而浮动时，会分别对结构的冰面位置构件产生水平方向和竖直方向的局部荷载，如果超出了结构的材料极限强度，则会发生该处构件强度失效。

（2）结构整体稳定性失效

当水位升降时，与结构冻结在一起的冰排对结构产生的竖向力——上拔力、下压力，如果该竖向力超出了结构允许的竖向荷载，则可能会发生结构整体倒塌和稳定性失效的事故。这种案例通常发生于港口的桩基码头。

2.2.5 海冰灾害风险源及风险模式小结

根据上述四类海冰灾害风险源及其成灾机理分析，可以看出各风险源的存在或发生与海冰环境和结构参数都密不可分，将这些因素统称为风险因子。同一种风险源可能引发不同的结构失效或风险模式，风险等级又与风险因子的量值有直接关系。将四类海冰灾害风险源所对应的风险因子、风险模式列于表 2-2。

表 2-2 海冰灾害主要风险源及风险因子与风险模式（结构失效模式）

风险源	风险因子		风险模式
	海冰指标	结构指标	
极值冰力	海冰类型，冰厚，海冰强度	迎冰构件形式与尺寸，材料强度（含摩擦系数），整体刚度，整体高度	结构整体坍塌 结构迎冰面破损
交变冰力	海冰类型，冰厚，冰速，海冰强度，海冰作用时间	迎冰构件形式与尺寸，材料强度（含摩擦系数），整体刚度，动力特征，整体高度，设备抗振性能	结构整体坍塌 构件局部疲劳断裂 构件局部磨损 重要设备损坏
海冰堆积	冰厚，冰速，冰温，持续时间	迎冰构件形式与尺寸，材料	结构整体失稳 重要构件失效 取水口堵塞 重要设备损坏（上岸）
冻胀力	水温，潮位，海冰强度	迎冰构件形式与尺寸，材料强度（含摩擦系数）	结构整体坍塌 构件局部破损

通过总结海冰灾害的风险源识别和机理解释，为风险评估指标的提出和量化打下基础。

2.3 典型工程的海冰灾害风险模式

根据海洋灾害风险分析的三类工程对象特征，确定了各种工程的风险源和失效模式如表 2-3 所示。

表 2-3 三类典型工程的海冰灾害风险模式分析

工程类别	风险源	失效模式	同类工程
油气勘探工程	极值冰力 交变冰力 海冰堆积	结构整体失效 局部构件失效 重要设备失效	桥梁工程
核电工程	极值冰力 交变冰力 海冰堆积	结构整体失效 局部构件失效 重要设备失效 要害通道堵塞	其他大型电厂 等能源工程
港口码头工程	极值冰力 交变冰力 海冰堆积 冻胀力	结构整体失效 局部构件失效 重要设备失效	能源工程与 基地的防护工程

2.4 小 结

本章通过对可能引发海冰灾害的历史资料分析，提出了海冰灾害的四类主要风险源和相应评估指标，四种风险模式，以及四种致险原因，从而完成了海冰灾害风险识别。上述工作为风险评估指标体系的建立和风险量化分析提供了科学保障。

参 考 文 献

［1］ Sanderson T. Ice Mechanics: Risks to Offshore Structures. London: Graham & Trotman，1988.

［2］ Croasdale K R. Ice forces on fixed rigid structures. Report for the working group on ice forces on structures，CRREL Special Report，1980: 34—106.

［3］ Løset S，Shkhinek K N，Gudmestad O T，et al. Actions from ice on Arctic offshore and costal structures. St. Petersburg，Russia，2006.

［4］ 郭峰玮. 基于实验数据分析的直立结构挤压冰荷载研究. 大连：大连理工大学博士学位论文，2009.

［5］ 季顺迎，岳前进. 海冰数值模型的工程应用. 北京：科学出版社，2011.

［6］ Yue Q J，Bi X J. Ice-induced jacket structure vibrations in Bohai Sea. Journal of Cold Regions Engineering，2000，14（2）：81—92.

［7］ 岳前进，郭峰玮，毕祥军，等. 冰致自激振动测量与机理解释. 大连理工大学学报，2007，47（1）：1—5.

［8］ Yue Q J，Bi X J，Kärnä T. Dynamic ice forces of slender vertical structures due to ice crushing. Cold Regions Science and Technology，2009，56：77—83.

［9］ 岳前进，毕祥军，于晓，等. 锥体结构的冰激振动与冰力函数. 土木工程学报，2001，36（2）：16—19.

［10］ Yue Q J，Qu Y，Bi X J，et al. Ice force spectrum on narrow conical structures. Cold Regions Science and Technology，2007，49：161—169.

［11］ Qu Y，Yue Q J，Bi X J，et al. A random ice force model for narrow conical structures. Cold Regions Science and Technology，2006，45：148—157.

［12］ Quarton D C. An International Design Standards for Offshore Wind Turbine：IEC 61400-3. Garrad Hassan & Partner Ltd.，2005.

［13］ ISO 19906. Petroleum and Natural Gas Industries-Arctic Offshore Structures. International organization for standardization，2010，Geneva，Switzerland.

［14］ Frederking R. Comparison of standards for predicting ice forces on arctic offshore structures. Proceedings of 10th ISOPE Pacific/Asia Offshore Mechanics Symposium，Vladivostok，Russia，October 3—5，2012.

［15］ 人体全身振动暴露的舒适性降低界限和评价准则. GB/T 13442—92. 1992.

［16］ MÄÄTTÄNEN M. The effect of ice pile-up on the ice force of a conical structure. IAHR Ice Symposium，Espoo，Finland，1990（2）：1010—1021.

［17］ Croasdale K R，Cammaert A B. An improved method for the calculation of ice loads on sloping structures in first year ice. Proceedings of 1st International Conference on Development of the Russian Arctic Offshore，St. Petersburg，Russia，1993：161—168.

［18］ 王翎羽，陈星，徐继祖. 大尺度圆锥结构的冰堆积计算. 天津大学学报，1994，27（2）：205—210.

［19］ 孔祥鹏，董吉武，李志军，等. 海冰爬坡和堆积行为的试验研究. 海洋学报，2010，32（3）：162—166.

［20］ Germanischer Lloyd. Guideline for the construction of fixed offshore installations in ice infested waters//GL，GLO—03—319，2003.

3 基于海冰灾害理论的固定式导管架平台风险评估方法

3.1 概　　述

　　海冰灾害是高纬度地区工程结构物的重要安全威胁，渤海有冰海域油气资源丰富，采油平台海冰灾害风险评估工作对渤海的安全开发和环境保护具有特殊意义。开展海冰灾害成灾机制分析，阐明海冰灾害风险源与结构海冰风险模式；根据极值冰力、交变冰力和堆积冰的冰力计算公式提出海冰危险性指标为冰厚、冰速、冰强度、冰期、海冰密集度，根据渤海冰情参数分布情况对为危险性指标进行分段赋值；根据极值冰力将结构推倒、动冰力引发结构疲劳破坏、动冰力引发设备损坏、堆积冰引发结构功能失效这四类主要结构失效模式提出结构物理脆弱性指标倾覆指标、动力指标、冰振指标、功能指标，根据辽东湾导管架平台结构传参数对脆弱性指标进行分段赋值。利用加权综合平均法对海冰风险进行评价计算，采用整体风险评估和分类风险评估两种方法，其中各风险指标权重的判定是根据历史上海冰灾害风险事故案例情况而定。最后，利用上述指标体系和风险评价方法，对辽东湾 3 个海区的 10 座导管架平台进行海冰风险评价，结果表明，在有效的海冰防范策略下，显著冰振影响下的辽东湾导管架石油平台的风险水平差异较大，若发生稳态振动（通常发生在直立桩腿结构前）、结构基频较高，则结构防冰脆弱性显著升高，计算风险结果和风险等级相对较高。该技术思路可以应用于其他有冰海域工程结构物设计和运行管理。

本章内容主要参考张洪梅等所撰写的"石油天然气钻井工程风险量化技术"[1]的技术方法。

3.2 技术路线

依照自然灾害风险评估[2]的方法，建立了石油平台海冰灾害风险评估技术流程，如图 3-1 所示。

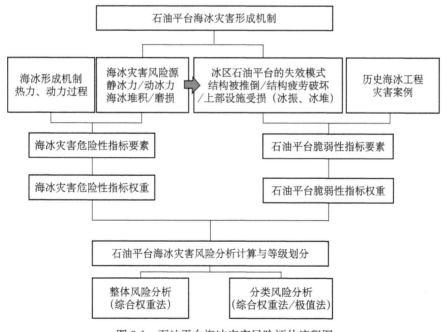

图 3-1 石油平台海冰灾害风险评估流程图

3.3 海冰灾害风险指标体系

3.3.1 危险性指标

1. 基于海冰灾害风险源分析的危险性指标确定

针对海冰致灾机理而言，海冰灾害特征参数一般以宏观参数（冰型、密集度等）为主，微观参数（物理性质、化学性质等）为辅，从这个意义上来说，目前海冰参数主要包括：冰型、冰厚（单层平整冰、重叠冰）、冰期、冰量、密集度、浮冰冰状、冰运动速度与方向、浮冰外边缘线、固定冰宽度、冰体力学强度、物理性质、化学性质等。

根据第 2 章中海冰灾害风险源分析和评价方法，可以确定海冰参数对风险的贡献大小。综合考虑海冰参数之间的相关性[2]，可提出海冰灾害关键性危险性指标要素，如表 3-1 所示。其中，对平台结构失效起到关键作用的短时危险性指标为冰厚、冰速、海冰强度；考虑到海冰荷载的作用时间和频次的长时危险性指标为冰期和海冰密集度。

表 3-1 海冰灾害危险性指标要素

指标类别	指标内容	原则
短时危险性指标	冰厚、冰速、海冰强度	对平台结构失效起到直接、关键作用的指标
长时危险性指标	冰期和海冰密集度	关系到海冰荷载的作用时间和频次的指标

2. 危险性指标分级划分与赋值

参照《海冰灾害风险评估和区划技术导则》[3]，进行危险性指标等级划分。主要研究区域的划分（21 分区）和各区域指标取值主要依据《中国海海冰条件及应用规定》[4]。由于目前渤海石油平台设计寿命为 100 年，选取 100 年重现期值进行分析，得到海冰危险性指标划分如表 3-2 所示。

表 3-2　海冰危险性指标划分

指标代号	指标	一般取值范围	极高危险（5 分）	高危险（4 分）	中等危险（3 分）	低危险（2 分）	极低危险（1 分）
H_1	设计冰厚/cm	8~41.7	>35	[35, 25)	[25, 10)	[10, 5)	≤5
H_2	设计冰速/(cm·s⁻¹)	0.7~1.9	>1.4	[1.4, 1.2)	[1.2, 1.0)	[1.0, 0.8)	≤0.8
H_3	设计冰强度/MPa	1.88~2.37	>2.2	[2.2, 2.1)	[2.1, 2.02)	[2.02, 1.9)	≤1.9
H_4	设计严重冰期/d	30~149	>35	[35, 25)	[25, 10)	[10, 5)	≤5
H_5	最大冰密集度/成*	1~10	>8	[8, 6)	[6, 4)	[4, 2)	≤2

*注：将整个能见海面中的浮冰分布海面划分为 10 等份，估测浮冰覆盖面积所占的成数。参见文献：GB/T 14914.2—2019《海洋观测规范　第 2 部分：海滨观测》.

3.3.2　脆弱性指标

1. 基于导管架结构的失效模式分析的脆弱性指标确定

针对典型的海冰风险模式，分别列举影响海冰灾害风险的平台结构参数（表 3-3），并针对不同风险模式下的结构影响要素进行了分析。基于辽东湾典型平台在极值冰力下的静位移情况和在交变冰力下的动力情况分析[5]，导管架结构的主要失效模式包括极值冰力将结构推倒，动冰力引发结构疲劳破坏，动冰力引发结构上部设备（含人员）破坏。

表 3-3　石油平台海冰灾害风险模式及相应脆弱性指标分析

风险模式	结构性能	脆弱性指标
极值冰力将结构推倒	抗倾覆能力	几何尺寸，整体刚度，见 3.3.2.1 (1)
动冰力引发结构疲劳破坏	抗冰振能力（位移、应变）	几何尺寸，整体刚度，见 3.3.2.1 (2)
动冰力引发设备损坏	抗冰振能力（加速度）	几何尺寸，整体刚度，动力参数（固有频率为主），见 3.3.2.1 (3)
堆积冰引发结构功能失效	结构功能	结构功能，见 3.3.2.1 (4)

（1）极值冰力将结构推倒与结构倾覆指标

当极值冰力超过结构的极端承载力时，结构会发生整体坍塌。提出平台的倾覆指标 V_1。

参考极端冰荷载下结构的破坏状态如表 2-1 所示。

在认为冰力差异性不大的情况下（10～100 kN），可提出平台被极值冰力推倒失效模式的倾覆赋值和倾覆指标

$$M_1 = V_1 = \frac{K_n}{K} H \tag{3-1}$$

其中，H 为结构整体高度；K 为结构刚度，对于辽东湾导管架石油平台为 10E＋07～10E＋09 量级；K_n 为与结构形式（桩腿）有关的系数，独腿平台取 1，4 腿平台取 2。

（2）动冰力引发结构疲劳破坏与结构动力指标

结构疲劳损伤是由于管节点热点应力反复作用引起的。对于导管架结构而言，热点应力通常与结构动力响应成线性关系，动力响应 Δd 与静加载变形（Δ，见表（2-1））存在一定的比例关系，可称为放大系数 γ，该放大系数与结构固有频率和冰力频率有直接关联。刘圆[7]对渤海抗冰导管架平台的动力特性进行了详细分析。对于直立结构稳态振动而言，放大系数计算公式为

$$\gamma = \frac{1}{\sqrt{(1-r^2)^2 + (2\xi r)^2}} \tag{3-2}$$

对于加锥结构随机振动而言，放大系数计算公式为

$$\gamma_1 = \frac{1}{5\sqrt{(1-r_1^2)^2 + (2\xi r_1)^2}} \tag{3-3}$$

其中，$r_1 = \frac{\omega}{\omega_n} = \frac{f}{f_n}$，$\omega(f)$ 和 $\omega_n(f_n)$ 分别为冰力频率和结构固有频率。

因此，提出结构动力指标 V_2 计算公式如下：

$$V_2 = \gamma_1 \cdot K_a \tag{3-4}$$

其中，γ_1 为动力放大系数，$\gamma_1 = f(r_1, \xi)$ 根据实测数据或频率比计算，可参考公式（3-1）和（3-2）；K_a 为热点加固情况系数，即加固前后热点应力之比，取值范围为（0，1]，结合有限元分析或实测数据取值，本研究中主平台和卫星平台取 0.5，附属平台取 1.0。

考虑动冰力条件下导管架结构疲劳破坏模式，应当同时考虑的结构倾覆指标 V_1 和动力指标 V_2，对应结构冰振疲劳的结构动力赋值为

$$M_2 = V_1 \cdot V_2 \tag{3-5}$$

其中，V_1 见式（3-1），V_2 见式（3-4）。

（3）典型失效模式三：动冰力引发结构上部设备（含人员）破坏

通常来讲，平台甲板加速度越大，设备振动幅值越大。若认为导管架结构可以简化为单自由度结构[7]，结构甲板振动类似于简谐振动，则其振动位移 D、速度 V 和加速度 A 分别为

$$D = \Delta st \times \sin(\omega t + \varphi) \tag{3-6}$$

$$V = \Delta st \times \omega \times \cos(\omega t + \varphi) \tag{3-7}$$

$$A = -\Delta st \times \omega^2 \times \sin(\omega t + \varphi) \tag{3-8}$$

如果说在"失效模式二"中重点考虑结构动力指标对应结构振动位移 D 的话，在考虑"失效模式三"时，还需要另外考虑结构的动力参数，即固有频率 f。结构频率越高，加速度越大。同时，结构功能也与风险状况直接相关，如采油平台上设备较多，有人平台要关注人员感受，风险相对较高；反之风险较小。综上所述，根据结构固有频率提出结构冰振指标 V_3，根据提出结构功能指标 V_4，计算公式如下

$$V_3 = f^2 \tag{3-9}$$

其中，f 为平台的冰振主频率，对于导管架平台而言即为基频。

$$V_4 = K_b \tag{3-10}$$

其中，K_b 为与结构功能系数，有人中心平台取 1.5，无人中心平台和

卫星平台取 1.2，系缆桩等辅助功能平台取 1.0。

考虑冰振条件下上部设备和人员的受损情况，主要应当考虑的结构的振动情况和结构功能，因此该失效模式下应考虑的结构脆弱性指标为：倾覆指标 V_1，动力指标 V_2，冰振指标 V_3 和功能指标 V_4。冰振赋值 M_3 计算公式如下

$$M_3 = V_1 \cdot V_2 \cdot V_3 \cdot V_4^{0.5} \tag{3-11}$$

其中，V_1 见式（3-1），V_2 见式（3-4），V_3 见式（3-9），V_4 见式（3-10）。

（4）典型失效模式四：海冰堆积引发结构上部设备破坏

如因海冰堆积导致的海冰上爬至平台甲板，会直接威胁生产平台的设备安全，工作人员的作业安全。因此，该失效模式主要考虑的脆弱性指标为功能指标 V_4。

$$M_4 = V_4 \tag{3-12}$$

2. 脆弱性指标分级划分与赋值

结合辽东湾导管架石油平台参数的主要分布范围，将上述根据石油平台海冰风险模式分析提出的结构脆弱性指标分为高、中、低风险三个级别，如表 3-4 所示。

表 3-4　结构脆弱性指标分级及赋值

指标代号	指标	主要范围	高风险（5分）	中风险（3分）	低风险（1分）
V_1	倾覆指标	[4E−10, 7E−9]	>2E−9	[2E−9, 1E−9)	≤1E−9
V_2	动力指标	[2, 12]	>4	[4, 2)	≤2
V_3	冰振指标	[0.5, 5]	>4	[4, 1.0)	≤1.0
V_4	功能指标	[1, 1.5]	1.5	1.2	1

3.3.3　抗灾能力指标

跟据应急监测与海冰管理措施的有效性是评估风险结果的重要因素，提出抗灾指标 R_1，并划分三个级别进行赋值（表 3-5）。

表 3-5 抗灾能力指标分级及赋值

指标代号	指标	无效 I	部分有效 II	有效 III
R_1	抗灾指标	1.0	(0.5, 1.0)	0.5

3.4 风险评估方法

海冰灾害的风险评估需要分别确定包括指标体系、评价模型和分级标准。不同的评价模型对应的指标体系会有所差别，对整体风险评价法和分风险评价法分别进行说明。

3.4.1 整体风险评估法

海冰危险性指标权重系数可以根据冰力公式计算模型中各指标的重要性进行确定（表 3-6）。结构脆弱性指标可以根据海冰灾害的失效模式及对应风险或事故的发生概率（表 3-7），确定平台脆弱性指标权重（表 3-6）。

表 3-6 海冰灾害风险度评价因子的层次结构与各权重值—整体风险分析法

准则层	指标代号	子准则层	指标代号	权重
海冰危险性指标	H	设计冰厚	W_1	0.69
		设计冰速	W_2	0.02
		设计冰强度	W_3	0.06
		最大冰密集度	W_4	0.10
		设计严重冰期	W_5	0.13
结构脆弱性指标	V	倾覆指标	Q_1	0.45
		动力指标	Q_2	0.39
		冰振指标	Q_3	0.09
		功能指标	Q_4	0.07
结构抗灾能力	R	抗灾指标		0.10

表 3-7　平台失效模式发生概率及评价赋值

平台失效模式	发生概率	评价赋值	权重系数赋值			
			V_1	V_2	V_3	V_4
极值冰力将结构推倒	6%	倾覆赋值 $M_1=V_1$	0.06	/	/	/
动冰力引发结构疲劳破坏	60%	动力赋值 $M_2=V_1\times V_2$	0.3	0.3	/	/
动冰力引发结构上部设备破坏（人员感受）	30%	冰振赋值 $M_3=V_1\times V_2\times V_3\times V_4^{0.5}$	0.09	0.09	0.09	0.03
堆积冰引发结构上部设备破坏	4%	功能赋值 $M_4=V_4$	/	/	/	0.04
合计	100%		0.45	0.39	0.09	0.07

3.4.2　分模式风险评估法（多指标综合风险评估模型）

首先要根据海冰灾害的失效模式及对应风险或事故的发生概率确定各类风险模式的权重分配；各类风险模式分别对应的风险源、风险模式评价赋值和抗灾能力分别确定危险性指标、脆弱性、抗灾能力的指数权重系数，如表 3-8 所示。

表 3-8　海冰灾害风险度评价因子的层次结构与各权重值—分类风险分析法

准则层	指标代号	子准则层	指标代号	权重系数	关键指标层	指标代号	权重系数
结构被冰推倒 0.06	R_1	极值冰力	H_1	0.20	冰厚	$H_{1.1}$	0.20
		平台抗倾覆能力	V_1	0.30	结构倾覆指标	$V_{1.1}$	0.30
		抗灾能力	R_1	1.00	抗灾指标	$R_{1.1}$	1.00
主结构因冰振致损 0.60	R_2	交变冰力及其持续状况（时空分布）	H_2	1.00	冰厚	$H_{2.1}$	0.80
					冰期	$H_{2.2}$	0.20
		平台抗振能力	V_2	0.60	结构倾覆指标	$V_{2.1}$	0.30
					结构动力指标	$V_{2.2}$	0.30
		抗灾能力	R_1	1.00	抗灾指标	$R_{2.1}$	1.00

续表

准则层	指标代号	子准则层	指标代号	权重系数	关键指标层	指标代号	权重系数
上部设备因冰振致损 0.30	R_3	交变冰力及其持续状况	H_3	0.50	冰厚	$H_{3.1}$	0.30
					密集度	$H_{3.2}$	0.10
					冰期	$H_{3.3}$	0.10
		平台抗振能力，平台功能	V_3	0.60	结构倾覆指标	$V_{3.1}$	0.18
					结构动力指数	$V_{3.2}$	0.18
					抗冰振指标	$V_{3.3}$	0.18
					功能指标	$V_{3.4}$	0.06
		抗灾能力	R_1	1.00	抗灾指标	$R_{3.1}$	1.00
设备因冰堆积致损 0.04	R_4	堆积冰况	H_4	0.50	冰厚	$H_{4.1}$	0.40
					密集度	$H_{4.2}$	0.10
		平台功能	V_4	0.08	功能	$V_{4.1}$	0.08
		抗灾能力	R_1	1.00	抗灾指标	$R_{4.1}$	1.00

3.4.3 评价计算方法与分级标准

参照公式（2-1）～（2-3），计算得到整体风险分析方法所得的结果，划分成 4 级风险结果。石油平台海冰灾害风险度的评价标准和评价结果分别如表 3-9 所示。

表 3-9 渤海石油平台海冰灾害风险度的评价标准

风险度指标	(12，25]	(9，12]	(6，9)	[0.5，6]
等级	重度风险	中度风险	轻度风险	微度风险

3.5 实例分析

3.5.1 参数说明

以辽东湾 3 个海区（JZ20-2，JZ21-1，JZ9-3）的 10 座不同功能形式的导管架平台为案例，对上述石油平台海冰风险评价方法进行计算分析。脆弱性指标的选区根据 3 个海区在 21 分区中的位置和对应设计海冰参数确定，如表 3-10 所示。10 座平台的脆弱性指标的取值及赋值由平台结构的基本形式、功能和动力参数确定，如表 3-11 所示。

表 3-10　案例分析中海冰危险性指标的取值及赋值

指标	H_1 设计冰厚		H_2 设计冰速		H_3 设计冰强度		H_4 设计严重冰期		H_5 最大冰密集度	
海域	设计值/cm	赋值	设计值/$(cm \cdot s^{-1})$	赋值	设计值/MPa	赋值	设计值/天	赋值	设计值/成	危险性赋值
20-2 海域	41.7	5	1.9	5	2.37	5	85	5	10^-	5
21-1 海域	40.4	5	1.8	5	2.16	5	53	5	10^-	5
9-3 海域	36.8	5	1.4	4	2.33	5	72	5	8	5

3.5.2　海冰灾害风险评估分析

利用 3.4.1 节整体风险分析方法，推算确定海冰危险性 H，结构脆弱性 V 和抗灾能力 R，由表 3-6 和公式（3-1）计算整体风险分析结果 I_e；利用 3.4.2 节分类风险分析方法，由表 3-6 分别确定 4 种不同的海冰风险计算结果 $I_{s,i}$，由公式（3-2）和公式（3-3）推算出综合指数法计算的分模式风险评估计算结果 I_s，最大风险取值的分模式风险评估计算结果 $I_{s,max}$。

表 3-11 案例分析中结构脆弱性指标的取值及赋值

平台	桩腿个数	桩腿形式	平台功能（采油/辅助）	是否有人	桩腿系数 K_n	放大系数 r	破冰系数 K_a	功能系数 K_f	倾覆指标 $V_1=K_n/(KH)$	赋值	动力指标 $V_2=K_a \times r$	赋值	冰振指标 $V_3=f^2$	赋值	功能指标 $V_4=K_f$	赋值
JZ20-2 A	4	破冰锥	采油	是	1.50	4.17	0.50	1.50	4.8E-10	1	2.08	3	0.76	1	1.50	5
JZ20-2 B	3	破冰锥	采油	否	2.00	4.17	0.50	1.20	1.9E-09	3	2.08	3	1.85	3	1.20	3
JZ20-2 C	4	破冰锥	采油	是	1.50	4.17	0.50	1.50	9.8E-10	1	2.08	3	1.99	3	1.50	5
JZ20-2 D	1	破冰锥	采油	是	1.00	4.17	0.50	1.50	1.2E-09	3	2.08	3	1.00	1	1.50	5
JZ21-1 E	4	破冰锥	采油	否	1.50	4.17	0.50	1.00	1.1E-09	3	2.08	3	1.21	1	1.00	1
JZ9-3 F	4	破冰锥	辅助压缩机	否	1.50	6.00	1.00	1.20	1.3E-09	3	6.00	5	4.24	5	1.20	3
JZ9-3 G	1	直立	辅助系缆桩	否	1.00	12.00	1.00	1.00	7.6E-10	1	12.00	5	5.38	5	1.00	1
JZ9-3 H	4	破冰锥	采油	是	1.50	4.17	0.50	1.50	1.9E-09	3	2.08	3	1.21	3	1.50	5
JZ9-3 I	1	直立	辅助系缆桩	否	1.00	4.17	1.00	1.00	2.1E-09	5	4.17	5	40.96	5	1.00	1
JZ9-3 J	1	破冰锥	采油	否	1.20	15.00	0.50	1.20	6.5E-09	5	7.50	5	0.71	1	1.20	3

注：静刚度 K：2.1E+07～2.0E+08N/m；

水深 H：9.0～16.5m；

基频 f：0.84～6.4Hz。

3.5.3 分析结果

将三种风险计算结果 I_e、I_s、$I_{s,max}$ 进行对比，如表 3-12 所示和图 3-2 所示，结果表明综合指数法计算得到的整体风险分析 I_e 和分类风险分析 I_s 量化结果基本一致，风险等级划分相同，这是由于指标体系建立的理论基础和二级指标的权重值之和是相同的。当权重较高的风险模式（如模式 2）风险值对综合指数法类风险分析结果 I_s 有控制性影响。而 $I_{s,max}$ 与前两者差别较大时，大多是由于权重较低的风险模式（如模式 4）风险值较高，如 A，C，D，H 平台。

表 3-12　案例分析中海冰风险评价分析及分级结果

平台	整体风险分析				分类风险分析					
	H	V	R	$I_e=HVR$	$I_{s,1}$	$I_{s,2}$	$I_{s,3}$	$I_{s,4}$	$I_{s,max}$	I_s
JZ20-2 A	5	2.06	0.5	5.15	2.5	5	5	12.5	12.5	5.15
JZ20-2 B	5	3	0.5	7.5	7.5	7.5	7.5	7.5	7.5	7.5
JZ20-2 C	5	2.24	0.5	5.6	2.5	5	6.5	12.5	12.5	5.6
JZ20-2 D	5	2.96	0.5	7.4	7.5	7.5	6.5	12.5	12.5	7.4
JZ21-1 E	5	2.68	0.5	6.7	7.5	7.5	5.5	2.5	7.5	6.7
JZ9-3 F	4.98	3.96	0.5	9.86	7.5	10	11	7.5	10.5	9.9
JZ9-3 G	4.98	2.92	0.5	7.27	2.5	7.5	8.5		8.5	7.3
JZ9-3 H	4.98	3.14	0.5	7.82	7.5	7.5	8	12.5	12.5	7.85
JZ9-3 I	4.98	4.72	0.5	11.8	12.5	12.5	12	2.5	12.5	11.8
JZ9-3 J	4.98	4.5	0.5	11.2	12.5	12.5	9	7.5	12.5	11.25

注：红色为重度风险，橙色为中度风险，黄色为轻度风险，绿色为微度风险

根据综合指数法计算得到的整体风险分析 I_e 和分类风险分析 I_s 量化结果，风险级别较高的平台主要有两种原因，一种是由于结构可能发生稳态振动，动力放大系数 r 较高使得结构动力指标 V_2 较大，也就是容易发生第二种失效模式"动冰力导致的冰激振动会引发结构疲劳失效"，如平台 F、J；另一种是由于结构基频较高，结构冰振指标 V_3 值较大，容易发生第三种失效模式"冰振加速度导致设施功能失

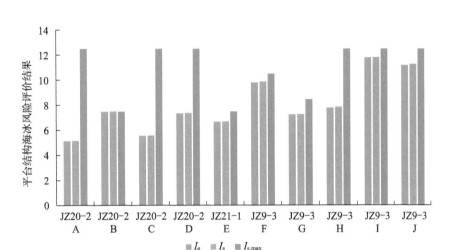

图 3-2　将三种风险计算结果 I_e、I_s、$I_{s,max}$ 对比

效"，如平台 I，基频为 6.4Hz，显著高于通常辽东湾导管架结构的基频范围 0.5～2Hz。

3.6　小　　结

　　针对渤海辽东湾有冰海域的导管架式石油平台进行了海冰灾害风险评估方法研究，其中包括建立了海冰危险性、结构脆弱性和抗灾能力的海冰风险指标体系，利用加权综合平均法构建了海冰灾害评价方法，包括整体风险评估方法，和不同风险模式评估后的加权综合平均方法。上述关键指标的选取是由海冰成灾机理确定，指标的权重是根据易发生海冰灾害的案例给出的建议值，具有较强的参考价；但指标的赋值是根据辽东湾的冰情和导管架平台参数范围而确定，其推广应用到其他海域的可行性还需论证。

参 考 文 献

[1] 张洪梅，李俊荣，尹立华，等．石油天然气钻井工程风险量化技术．中国安全生产科学技术，2012，8（8）：127—131.

[2] 张继权，李宁．主要气象灾害风险评价与管理的数量化方法及其应用．北京：北京师范大学出版社，2007.

[3] 袁本坤，曹丛华，江崇波，等．我国海冰灾害风险评估和区划研究．灾害学，2016，31（2）：42—46.

[4] 中国海海冰条件及应用规定，Q/HSn 3000—2002.

[5] 刘圆．抗冰海洋平台动力分析与结构选型研究．大连：大连理工大学博士学位论文，2006.

4 基于海冰动力堆积模拟的核电冷源取水堵塞风险评估

4.1 概　　述

海冰是高纬度滨海核电冷源取水安全的主要风险源。在水动力条件较好的海域，碎冰堆积是核电冷却水取水通道外来物堵塞物体的主要内容，需要进行评估和防范。本章给出了核电取水口海冰动力堆积风险的风险评估技术流程和应用实例。首先，基于理论分析和历史案例分析，阐明海冰动力堆积的主要危险性指标为冰厚、密集度、冰速、冰块尺寸以及冰持续时间；其次，确立基于模型算法的取水口海冰动力堆积风险评估技术流程，包括通过海冰环境条件判断是否需要考虑该风险模式；最后，利用渤海冰区一座滨海核电站进行算例验证，利用圆盘型离散元模型进行海冰动力堆积的模拟，以取水通道口被堆积冰堵塞程度为评估指标进行风险级别划分，分析推算出不同堵塞风险级别所对应的海冰危险性指标阈值及对应的设计重现期，同时对整体堆积冰力进行评估分析。本书提出的海冰动力堆积风险评估技术方法可用于所有有冰海域有冷源取水功能的设备风险管理。

4.2 分析流程

海冰在取水口构筑物前形成堆积，一旦堆积冰尺寸越过取水通道，就会直接影响取水通道的截面，进而影响取水效率。因此，所有建造在高纬度有浮冰分布开阔海域的滨海核电站，都应当考虑海冰堆积是否会对取水口产生堵塞的风险。核电取水口海冰动力堆积风险分析技术流程如图 4-1 所示。

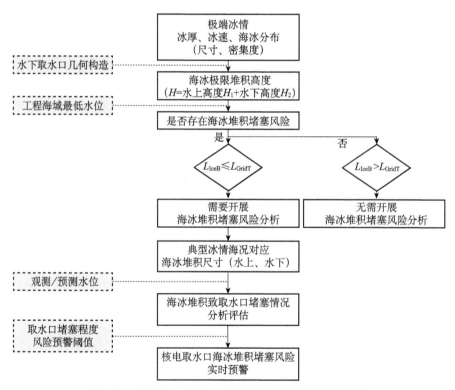

图 4-1 核电取水口海冰动力堆积风险分析技术流程图

首先，判断是否需要进行海冰堆积堵塞取水口的风险分析工作。利用本地海域的极端冰情、海况和工程取水口构型，判断是否会发生海冰堆积堵塞的风险，即图 4-2 中堆积冰块的下沿位置（L_{IceB}）若低于取水口格栅的上沿（L_{GridT}），则判定需要进行海冰堆积堵塞取水口的风险分析。

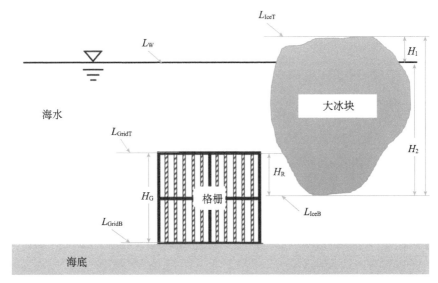

图 4-2　滨海核电取水口海冰堆积冰块示意图

其次，分析计算不同冰情和海况条件下海冰的堆积尺寸和取水口前海冰堆积尺寸，结合取水口堵塞程度的风险预警阈值，确定不同水位情况下取水口堵塞风险级别。

4.3　数值模拟计算工况

在自然条件下，碎冰区的浮冰呈现出很强的离散分布特性。无论是在极区，还是在渤海、波罗的海、波弗特海等海域，浮冰均普遍存在。在海冰的离散单元模型中，海冰单元可设为球体、圆盘和块体等不同形态[1]。然而，对于碎冰区的浮冰，三维圆盘方法具有模型简单、计算效率快和精度高等优点[2]。同时这种圆盘单元模型在模拟碎冰块的碰撞、重叠和堆积问题均取得了理想的结果[3,4]。因此本书将采用这种圆盘冰单元模型对浮冰与核电取水构筑物之间的碰撞及堆积过程进行数值模拟。

4.3.1 扩展圆盘单元模型

这种扩展圆盘冰单元是通过平面圆盘与球体做闵可夫斯基和运算得到的一种扩展几何体[5]。对这种扩展几何体可简单的描述为基于二维圆盘单元在其表面的每一个点上都扩充为一个定尺寸的球体。于是扩展圆盘单元便是表面光滑并有一定厚度的三维圆盘模型。在离散单元法计算模拟中，扩展圆盘单元间的接触计算可以处理为三维空间中平面圆盘之间的接触问题。根据圆盘单元的几何性质将单元之间的接触分为平面—平面接触，弧面—平面接触以及弧面—弧面接触三种类型。在数值模拟中，根据圆盘单元的方向矢量，以及圆盘圆心的距离来判断圆盘单元的接触类型，然后分别计算各类接触类型中单元间的接触变形量[6]。计算得到单元间的变形量后，根据弹簧—粘壶模型计算单元之间的接触力[7]。圆盘单元间除了需要考虑接触力之外还需要考虑水动力模型，包括浮力、拖曳力以及附加质量[5]。圆盘单元所受到的浮力为圆盘单元排开水的重力，在数值模拟中圆盘单元不同的下潜深度以及圆盘单元的不同方向都会对其所受到的浮力有影响。为了实现对不同情况下圆盘单元所受到的浮力进行计算，数值模拟中将圆盘的单元表面划分为面积微元，通过判断面积微元的位置计算其受到的水压，然后通过对所有面积微元上的水压力求和得到浮力。最终将面积元上的水压力对冰单元的质心计算力矩后求和得到浮力矩。

为了更加准确的计算圆盘冰单元的运动，特别是转动，数值模拟中采用了局部坐标系和整体坐标系。局部坐标系固定在每个圆盘单元的质心处，整体坐标系固定在整个计算域内，其中局部坐标与整体坐标之间的相互转化采用四元数方法[8]。

4.3.2 计算工况

本书通过上述扩展圆盘单元方法模拟海洋浮冰在拦冰坝前堆积的动态过程。计算模拟中的主要参数参考了渤海辽东湾冰情和某滨海核电站取水口工程的相关数据。简化取水口海域水面为矩形，取水口格栅上沿 L_{GridT} 为 $-5.7\mathrm{m}$，下沿 L_{GridT} 为 $-9.7\mathrm{m}$，格栅高 H_G 为 $4\mathrm{m}$，设计最低水位 L_{Wmin} 为 $-5.17\mathrm{m}$，L_W97% 保证率 97% 低潮位为 $-2.62\mathrm{m}$（如图 4-3 所示）。浮冰密集度不变时，计算长度直接影响圆盘冰单元的数量。兼顾计算效率及计算准确度，取计算区域长度为 200m，计算区域的宽度为 12m，并在宽度方向上设置循环边界条件。将取水口处的计算区域简化为垂直的平面结构，计算区域示意图如图 4-2 和图 4-3 所示。浮冰区的计算域长度为 $L=AB=200\mathrm{m}$（Y 方向）和宽度为 $CD=12\mathrm{m}$（X 方向）。为了模拟更宽广的冰坝堆积情况，计算域中 Y 方向为循环边界，如图 4-3 所示。深色的浮冰在循环边界处以速度 V_0 从一边界流出后会以相同速度相同方向从另一边界流入。

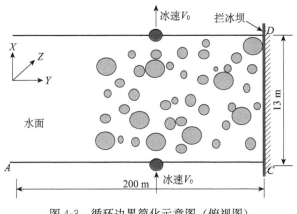

图 4-3 循环边界简化示意图（俯视图）

据渤海辽东湾统计观测资料，沿岸浮冰的平均速度约为 0.3~

0.5m/s，最大速度为 1m/s 左右，浮冰的平均冰厚为 0.3m。因此，在模拟中，初始浮冰速度 U 分别设置为 0.3m/s，0.6m/s，0.9m/s 和 1.2m/s。浮冰和洋流的阻力共同作用驱动浮冰。浮冰的厚度设置为在 0.2~0.4m 之间随机分布。圆盘冰的直径在 0.8~1.4m 之间随机分布，初始时刻随机排列。浮冰密集度是浮冰总面积与计算海域面积的比值，它直接影响同一计算域中参与堆积的浮冰数量。本书中的浮冰密集度 C 设定为 0.2，0.5 和 0.8。图 4-4 给出了三种不同密集度浮冰初始分布情况。数值模拟过程中使用的主要参数如表 4-2 所示。

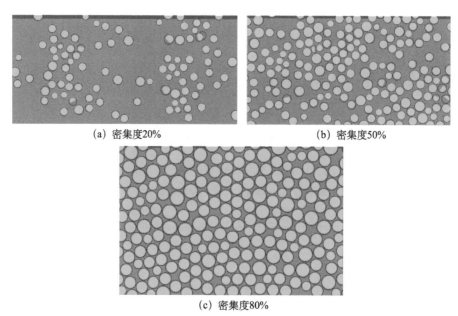

(a) 密集度20%　　　　　　　　　　(b) 密集度50%

(c) 密集度80%

图 4-4　不同密集度浮冰的初始分布情况

表 4-1　模拟算例

算例编号	平均冰厚/m	浮冰密集度	冰速/(m/s)	计算域长度/m	计算时间/s
1	0.3	0.2	0.3	800	2666
2	0.45	0.2	0.3	800	2666
3	0.3	0.2	0.6	800	1333
4	0.45	0.2	0.6	800	1333
5	0.3	0.2	0.9	800	888
6	0.45	0.2	0.9	800	888

续表

算例编号	平均冰厚/m	浮冰密集度	冰速/（m/s）	计算域长度/m	计算时间/s
7	0.3	0.2	1.2	800	666
8	0.45	0.2	1.2	800	666
9	0.3	0.2	1.5	800	533
10	0.45	0.2	1.5	800	533
11	0.3	0.5	0.3	320	1066
12	0.45	0.5	0.3	320	1066
13	0.3	0.5	0.6	320	533
14	0.45	0.5	0.6	320	533
15	0.3	0.5	0.9	320	355
16	0.45	0.5	0.9	320	355
17	0.3	0.5	1.2	320	266
18	0.45	0.5	1.2	320	266
19	0.3	0.5	1.5	320	213
20	0.45	0.5	1.5	320	213
21	0.3	0.8	0.3	200	666
22	0.45	0.8	0.3	200	666
23	0.3	0.8	0.6	200	533
24	0.45	0.8	0.6	200	533
25	0.3	0.8	0.9	200	355
26	0.45	0.8	0.9	200	355
27	0.3	0.8	1.2	200	266
28	0.45	0.8	1.2	200	266
29	0.3	0.8	1.5	200	213
30	0.45	0.8	1.5	200	213

表 4-2　数值模拟中使用的主要参数

参数	符号	数值
海冰密度	ρ	900kg/m^3
海水密度	ρ_w	1010kg/m^3
海冰间摩擦系数	μ	0.35
粘性阻尼系数	K_{nv}	$3.4\text{kN} \cdot \text{s/m}$
海冰法向刚度	K_{ne}	167kN/m
海冰切向刚度	K_{te}	100kN/m
径向阻力系数	C_d^F	0.06
轴向阻力系数	C_d^M	0.14
附加质量系数	C_m	0.15

4.4 计 算 分 析

随着寒区海洋工程的发展，浮冰堆积现象也引起越来越多科研人员的关注。对浮冰堆积行为的描述逐渐从单纯的定性描述向定量描述转变。浮冰堆积的定性描述主要侧重于浮冰在海洋结构前的堆积行为描述上，而对浮冰堆积的定量描述主要集中在浮冰堆积高度、浮冰块尺寸、冰堆强度、空隙比等参数上。本章以浮冰的密集度及冰速为主要影响因素，探究其影响浮冰堆积高度的规律。

4.4.1 堆 积 高 度

浮冰发生堆积后，由于浮冰密度略小于水，因此浮冰堆积包括水上冰堆积部分与水下冰堆积部分[9]。以第 12 个模拟算例为例，浮冰堆积侧视图如图 4-5 所示。

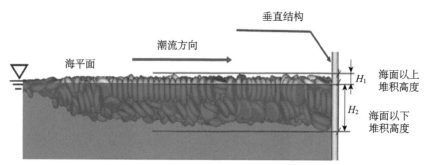

图 4-5　浮冰的堆积高度示意图

从水平面至浮冰堆顶端的垂向距离 H_1 称为浮冰水上堆积高度，从水平面至浮冰堆底端的
垂向距离 H_2 称为浮冰的水下堆积高度

直立结构前的最大冰堆积高度随着某一浮冰密集度下冰速变化的时间历程曲线如图 4-6（a）～（c）所示。负值是最大水下堆积高度，

正值是最大水上堆积高度，水面的位置为 $H=0$ 的直线。如图 4-6（a）所示，因为冰的密度略小于水的密度，所以水下堆积高度大于水上堆积高度。因此，仅通过观察岸上的水上堆积很难判断堆积状态。同时水上堆积高度和水下堆积高度均随冰速、冰密集度和持续时间的增加

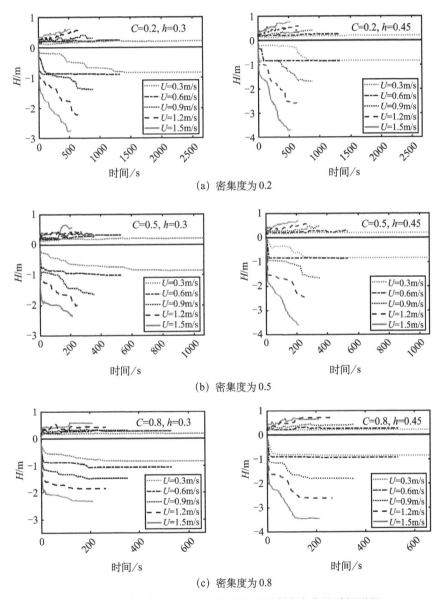

(a) 密集度为 0.2

(b) 密集度为 0.5

(c) 密集度为 0.8

图 4-6　不同密集度和冰速下最大冰堆积高度变化的时间历程

而增加。如图 4-6（a）所示，冰堆积高度程阶梯状的增加趋势。而当
冰速较快时，堆积高度的变化率也越来越低。这说明在冰速、冰密集
度一定的情况下，随着冰堆的形成，冰堆的堆积高度变化越来越慢，
既冰堆的最大堆积高度会稳定在某一个范围内，而不会随着时间的增
加而无限增大。此外当所有计算算例结束时，堆积在结构前的浮冰总
数量是一致的，但冰堆高度差异较大（表 4-3），这说明不同冰速时，
这个稳定的最大堆积高度是存在差异的。因此在预测浮冰堆积高度
时，冰速是判断的主要因素。

表 4-3　不同海冰密集度、海冰厚度和速度下海冰堆积高度计算结果列表

h	冰速/(m/s)	水上堆积高度 H_1			水下堆积高度 H_2		
		$C=20\%$	$C=50\%$	$C=80\%$	$C=20\%$	$C=50\%$	$C=80\%$
0.3	0.3	0.20	0.20	0.17	-0.84	-0.85	-0.84
	0.6	0.24	0.31	0.28	-0.90	-1.00	-1.06
	0.9	0.30	0.33	0.30	-1.38	-1.65	-1.47
	1.2	0.55	0.41	0.42	-2.23	-2.02	-1.84
	1.5	0.60	0.57	0.57	-2.74	-2.37	-2.39
0.5	0.3	0.20	0.20	0.20	-0.84	-0.83	-0.86
	0.6	0.26	0.26	0.26	-0.85	-0.83	-0.93
	0.9	0.41	0.47	0.42	-1.69	-1.67	-1.82
	1.2	0.58	0.56	0.70	-2.59	-2.47	-2.62
	1.5	0.75	0.68	0.64	-3.69	-3.61	-3.45

4.4.2　取水口堵塞预警阈值

海冰堆积的水下尺寸生长超过取水口上沿，就会对取水通道面积
和取水流量造成直接影响。结合取水口截面堵塞对取水效率的影响，
定义取水口堵塞预警指标为 H_R 为海冰水下堆积与取水口通道截面重
合高度，即

$$H_R = L_{GridT} - L_{IceB} \quad (L_{GridT} \geqslant L_{IceB}) \tag{4-1}$$

式中，H_R 为堵塞预警指标，L_{GridT} 为取水口格栅上沿高度，L_{IceB} 为堆
积冰下沿高度。

假定 H_R 的预警指标阈值与取水口格栅高度 H_G 的比值 K 分别为 50%、30%、10% 和 0%。

$$H_R = K \times H_G \qquad (4\text{-}2)$$

则不同风险级别对应的堆积冰下沿高度 L_{IceB} 按下式计算：

$$L_{IceB} = L_{GridT} - K \times H_G \qquad (4\text{-}3)$$

式中，取水口格栅上沿高度 L_{GridT} 为 -5.7m，取水口格栅高度 H_G 为 -9.7m。

根据式（4-1）～（4-3）则可得到取水口堵塞风险预警级别及对应水下堆积冰下沿高度如表 4-4 所示。

表 4-4　取水口堵塞风险预警级别及对应水下堆积冰下沿高度

风险预警级别	风险颜色	取水口堵塞指标/取水口格栅高度 H_R/H_G	水下堆积冰下沿高度 L_{IceB}/m
1 级	红色	$50\% \leqslant H_R/H_G \leqslant 1$	$-9.7 \leqslant L_{IceB} \leqslant -7.7$
2 级	橙色	$30\% \leqslant H_R/H_G < 50\%$	$-7.7 < L_{IceB} \leqslant -6.9$
3 级	黄色	$10\% \leqslant H_R/H_G < 30\%$	$-6.9 < L_{IceB} \leqslant -6.1$
4 级	绿色	$0\% < H_R/H_G < 10\%$	$-6.1 < L_{IceB} < -5.7$
5 级	蓝色	$H_R/H_G = 0\%$	$L_{IceB} = -5.7$

水下堆积冰下沿高度 L_{IceB} 取决于海冰堆积水下高度 H_2 和水位高度 H_W，由第 2 部分可知海冰堆积水下高度 H_2 受到海冰条件和工程参数的影响。以设计最低水位 $H_W = -5.16\text{m}$ 为例，列出不同海冰密集度和冰速条件下海冰堵塞的风险级别如表 4-5 所示。

表 4-5　不同海冰条件下海冰堆积下沿高度和引发取水口堵塞风险级别
（以设计最低水位 $H_W = -5.16\text{m}$ 为例）

h	冰速 $U/$ (m/s)	海冰堆积下沿高度/m			取水口堵塞风险级别		
		$C=20\%$	$C=50\%$	$C=80\%$	$C=20\%$	$C=50\%$	$C=80\%$
	0.3	-6.00	-6.01	-6.00	4 级	4 级	4 级
	0.6	-6.06	-6.16	-6.22	4 级	3 级	3 级
0.3	0.9	-6.54	-6.81	-6.63	3 级	3 级	3 级
	1.2	-7.39	-7.18	-7.00	2 级	2 级	2 级
	1.5	-7.90	-7.52	-7.55	1 级	2 级	2 级
	0.3	-6.00	-5.99	-6.02	4 级	4 级	4 级
	0.6	-6.01	-5.99	-6.09	4 级	4 级	4 级
0.5	0.9	-6.85	-6.83	-6.98	3 级	3 级	2 级
	1.2	-7.75	-7.63	-7.78	2 级	2 级	2 级
	1.5	-8.85	-8.77	-8.61	1 级	1 级	1 级

4.5 小　　结

在本书讨论了海冰堆积引发核电取水口堵塞的风险分析流程，并以渤海某座核电站作为算例进行模拟计算。

（1）海冰堆积堵塞核电取水口的风险评估，首先要根据极端冰情海况和取水口构造确定是否需要考虑海冰堆积风险，根据堵塞程度确定风险预警阈值，结合海冰堆积情况和水位信息确定取水口堵塞情况和堵塞风险。

（2）基于圆盘 DEM 模拟了取水口前的碎冰堆积。Hopkins 构造的三维圆盘单元已用于浮冰堆积问题模拟。本书提出了 30 个仿真算例。详细定义和讨论了海冰密集度 C 和冰速 U 对浮冰最大冰堆积高度的影响。最大冰堆积高度随同时冰速和浮冰密集度的增加而增加。

（3）以极端低水位为例，分析不同海冰参数下的海冰堆积引发取水口堵塞的风险级别，以冰厚 0.3m 为例，当冰密集度为 0.8 冰速为 0.3m/s 以上时，开始存在海冰堆积堵塞风险；当冰密集度为 0.2 冰速为 1.2 时，风险级别为 Ⅱ 级橙色风险预警级别。

本书主要列出了浮冰堆积的离散元数值模拟，在本书工作基础上，后期还将针对算例算法进一步优化。

（1）进一步优化计算模型，细化分析海冰参数对堆积冰形态尺寸的影响。包括参考实际工程尺寸构型改进模拟区域的取水口尺寸构造，增加风浪影响，增加海冰参数的工况计算（增加海冰厚度和海冰尺寸作为参数变量）。

（2）开展核电取水口海冰堆积堵塞的实时预警技术研究。包括分析海冰堆积时间和堆积水下尺寸、取水口堵塞程度之间的关系，用于提前发布风险预警预测信息；将现场动态观测、预测的海冰、海况（风、浪、水位）信息作为输入，实时分析评价海冰堆积堵塞风险情况。

　　本书的相关研究结论可以用于评估、预测核电取水工程的浮冰堆积情况，对取水口的浮冰堆积高度进行合理的预判，对取水口可能发生浮冰堵塞等问题进行评估，进而对浮冰造成取水口堵塞等问题进行及时的防范。

参 考 文 献

[1] Shanshan Sun，Hayley H. Shen. Simulation of pancake ice load on a circular cylinder in a wave and current field. Cold Regions Science and Technology，2012，78.

[2] Määttänen M，Hoikkanen J. The effect of ice pile-up on the ice force of a conical structure. Proc. IAHR Symposium on Ice 1990，Vol. 2. Helsinki University of Technology，Espoo，Finland，pp. 1010—1021.

[3] Hopkins M A，Shen H H. Simulation of pancake-ice dynamics in wave field. Annals of Glaciology，2001，33：355—360.

[4] 孙珊珊. 基于闵可夫斯基和理论的扩展离散元模型及其应用. 大连：大连理工大学博士学位论文，2017.

[5] Shanshan Sun，Hayley H. Shen. Is the wave-induced impact load from pancake ice important for offshore structures. The 21st IAHR International Symposium on Ice. June. 2012. Dalian，China.

[6] Shunying J I，Zilin L I，Chunhua L I，et al. Discrete element modeling of ice loads on ship hulls in broken ice fields. Acta Oceanologica Sinica，2013，32（11）：50—58.

[7] 张明元，孟广琳，隋吉学，等. 渤海湾海冰和黄河口河冰物理力学性质的测定和研究. 海洋工程，1993（3）：39—45.

[8] Walton O R，Braun R L. Simulation of rotary-drum and repose test for frictional spheres and rigid sphere clusters. Joint DOE/NSF workshop on flow of particulates and fluids. Sept. 29—Oct. 1，1993，Ithaca，NY，USA，1—18.

[9] 周晓东. 锥形结构前碎冰堆积行为的模型试验研究. 天津：天津大学博士学位论文，2012.

5 基于承灾体全生命周期的风险评估方法

5.1 基于承灾体全生命周期的海冰灾害致险原因分析

5.1.1 海洋工程全生命周期与海冰灾害风险存在情况

海洋工程作为海冰灾害的承灾体，需要对其全生命周期进行讨论分析，以保证海冰灾害风险问题的全面性。海洋工程的全生命周期包括：论证阶段、设计阶段、建造阶段、生产阶段、废弃阶段。

海冰灾害风险可能存在于全生命周期的任何一个环节。如论证阶段的选址和开发模式确定，设计阶段的防御设施和环境条件选取，建造阶段的施工局限性所导致的结构差异性，生产阶段的发生事故影响。

根据海冰灾害风险源分析和海冰灾害失效模式分析，结合海冰灾害事故的案例分析，本书主要从设计阶段和生产阶段，面向服务于海冰灾害宏观管理，提出了基于承灾体全生命周期的海冰灾害致险原因。

5.1.2 基于承灾体全生命周期的海冰灾害致险原因分类

（1）环境条件的改变

海冰设计条件是有冰海域工程结构设计过程中的重要内容之一[1]。近年来极端气候的不断变化，使得工程环境条件存在极大的不确定性[2-4]。如果工程实际环境参数比原始设计参数更为严格，也就是说结构可能无法抵御真实的环境条件，那么暴露于环境条件下的结构失效风险会大大增加。

（2）工程设计标准的更新

工程设计规范对海冰灾害风险问题考虑不足，以及结构设计阶段所采用的行业规范标准有所调整会导致海冰灾害的发生。

如海洋平台的设计重现期由 50 年提高到 100 年。红河核电站是我国首个建设于有冰海域的核电工程，存在着极大的海冰灾害风险隐患[5]。渤海冰区一些在役的老龄平台，建设于 20 世纪 90 年代，当时设计规范中未充分考虑海冰动力问题，结构在冰期运行过程中就存在着由海冰动力冲击而带来的巨大隐患[6,7]。

（3）结构抵御能力的降低

工程结构物在长期运行中不可避免的经过改造、设备老化以及设计变更等过程，其承载能力会发生不同程度的变化，对抵御海冰灾害的能力有所影响。特别是一些老龄结构（如超期服役的冰区石油平台）的剩余寿命必须经过详细客观的分析计算。这些都是由于结构抵御能力下降而造成海冰灾害风险的主要原因。

（4）冰期管理行为的不完善

根据海上冰情状况及工程结构物的抗冰能力，合理的安排生产选择最佳航线，可以有效避免冰灾事故的发生，同时可以使得海上生产作业时间延长；渔民的休渔时间缩短，大大提高经济效益。但是现有

的冰期管理以海冰监测预警和信息发布等手段为主，与各类工程直接
关联性不强，缺乏针对各类工程的监测预警。

冰期之前的应急处置系统、硬件和方案的准备，海冰灾害发生前
的预警启动和终止，以及海冰灾害发生后的应对策略等，都是海冰灾
害的应急处置系统的主要内容，可以有效地降低海冰灾害发生的风
险，降低海冰在海引发的损失。

5.2 风险评估指标体系的构建

本章内容主要参考张洪梅等所撰写的《石油天然气钻井工程风险
量化技术》[8] 一文的技术方法。

5.2.1 构建原则

海洋灾害风险评估指标体系是反映海洋工程海冰灾害实际影响的
主要特征。在构建评估指标体系时，评估指标必须能够体现海冰灾害
风险发生的原因、过程以及引发的后果，遵循重要性、系统性、实用
性和灵活性的原则，同时能够进行定量化计算。

首先，海冰灾害风险的许多指标是定性的，如设计标准变化情
况、应急防御情况等，对此建立一套合适的量化方法必须能将这些信
息转化为数值，以客观反映海洋工程安全状况。

其次，评估指标体系应简单明了并具有清晰的层次结构。便于收
集资料、数据及分析，同时又能反映工程的真实情况，即指标体系大
小适宜、结构合理。

为了便于不同工程和不同结构形式进行比较，指标体系所有指标
均应进行量化处理，且评估标准一致，便于调整及比较。

5.2.2　指标层次结构

　　基于以上所述原则和风险概念，在分析所有可能导致海冰灾害风险事故因素的基础上，将风险评估指标体系分为事故可能性和后果严重度两个方面，确立海冰灾害风险评估系统及其指标体系的层次结构。

　　采用案例分析和专家评判法，并用定量原则检验评判的正确性，最后再综合评估海冰灾害风险，结合解决复杂问题的演绎法与归纳法，筛选海冰灾害风险管理与评价指标体系中的关键因子，确定评价指标体系（图 5-1）。利用这些指标，进行定性分析给出定权值，最终确定海洋灾害的相对风险评估值和风险级别，为全面认识海洋工程海冰灾害风险提供了一种灵活且易于操作的有效手段。

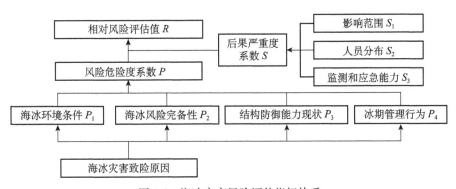

图 5-1　海冰灾害风险评估指标体系

5.3　风险评估指标的量化

5.3.1　评估指标的量化方法

　　通过事故统计和专家经验评判法，结合海冰灾害的致险原因分析确定事故可能性系数的量化标准；从影响范围、人员分布、监测和应急能力三个方面给出后果严重度系数。

分析、列举各指标因素情况及所有可预见的可能导致海洋工程海冰灾害事故的事件相对权重，即确定评分体系。

为便于计算我们约定：

（1）事故可能性系数 P：最高分给予 100 分，分值越高表示事故发生的概率越高；

（2）后果严重度系数 S：最高分给予 10 分，分值越高表示事故损失严重程度度越高；

（3）相对风险评估值越大，风险越高。

5.3.2　评估指标的量化过程

1. 事故可能性一级指标的权重及量化

根据 5.1 节中海冰灾害的主要致险原因，提出了四个事故可能性 1 级指标，即海冰环境条件风险指标（P_1），设计标准风险指标（P_2），结构防御能力现状风险指标（P_3）和冰期管理行为风险指标（P_4）。危险度指标等于四个分项指标的和，即：$P = P_1 + P_2 + P_3 + P_4$。

通过对附录 4 "已发生海冰灾害典型案例"中 22 个实例进行分类分析结果表明，事故发生主要是由于对海冰问题认识不全面、工程设计规范不完备、防御设施不到位等原因所造成。伴随着有冰海域海洋经济的迅速发展，近 20 年来针对海冰灾害和风险隐患问题已经开展了大量的研究，相关的研究结论也逐渐写入到各国和国际规范中，因此对于包括设计规范在内的海冰风险完备性所产生的危险度有所降低；随之而来的是大量在役结构经过了几十年的运行，包括初始的海冰防御能力在内的结构性能有很大变化，使得结构防御能力下降，所产生的危险度显著提高；在这种情况下，对于冰期安全作业的管理行为提出了更高的要求。根据上述分析，综合判别四个危险度一级指标的量化分值（以满分 100 分计算），如表 5-1 所示。

表 5-1　事故可能性（P）记分表

事故可能性系数	海冰灾害致险原因	案例序号	分值
海冰环境条件风险指标（P_1）	环境条件的改变	1~5，7，8，11	20
海冰风险完备性（设计标准）指标（P_2）	设计标准的不完备	1~11，12~22	40
结构防御能力现状风险指标（P_3）	结构抵御能力的降低	1	30
冰期管理行为风险指标（P_4）	冰期管理行为的不完善	2	10

2. 事故可能性二级指标的权重及量化

根据四类海冰灾害风险的发生原因，对事故可能性一级指标进行细化和加权，得到了 12 个二级事故可能性系数，如图 5-2 所示。

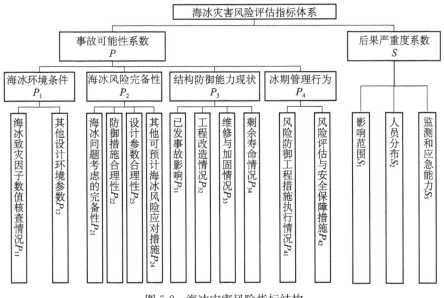

图 5-2　海冰灾害风险指标结构

各分项指标的赋值工作量十分繁复，由于各指标主要为定性分析结果，因此经验和专家判断是重要因素。开展资料分析与评估，根据各分项指标权重的分配二级指标 P_{ij} 的分数值，确定各二级指标评价的赋值等级权重 α_{ij}，记 $v_{ij\max}$ 为第 i 个一级评价指标的中的第 j 个二级

评价指标最大赋值,则二级指标 v_{ij} 的计算方法为

$$V_{ij} = \alpha_{ij} \times V_{ij\,max}, \quad i=1,\ 2,\ 3,\ 4 \qquad (5\text{-}1)$$

各事故可能性一级指标赋值 V_i 的计算方法为

$$V_i = \sum V_{ij} = \sum \alpha_{ij} \times V_{ij\,max}, \quad i=1,\ 2,\ 3,\ 4 \qquad (5\text{-}2)$$

(1)海冰环境条件指标(P_1)

根据 5.1.2 节中海冰灾害致险原因"(1)环境条件的改变"进行分析,本项指标需要考虑的内容包括:

——结构初始设计规范中海冰致灾因子的取值是否能通过当前结构设计规范要求;

——海冰致灾因子的取值是否能够通过当前标准中海冰设计条件;

——海冰致灾因子相关的海洋环境要素取值是否合理。

综合上述内容,提出与海冰环境条件相关的 2 个二级指标,并根据各指标对风险发生的可能性和危险度进行了分值分配,如表 5-2 所示。在对各指标进行量化时,根据指标内容的完备性和合理性,确定等级及权重,如表 5-3 所示。

表 5-2　海冰环境条件指标（P_1）计分表

分项指标	分值
海冰致灾因子数值核查情况（P_{11}）	15 分
其他设计环境参数（P_{12}）	5 分
合计	20 分

表 5-3　海冰环境条件指标（P_1）量化标准

等级标准	等级权重 α_{ij}
A 未考虑	1.0
B 考虑但不合理	[0.6, 1.0)
C 合理但不完备	[0.2, 0.6)
D 基本合理完备	[0.0, 0.2)

(2)海冰风险完备性(设计标准)指标(P_2)

根据 5.1.2 节中海冰灾害致险原因"(2)设计标准的不完善"进

行分析，本项指标需要考虑的内容包括：

　　——设计时采用的规范中海冰灾害问题完备性分析；

　　——设计时采用的基础数据资料代表性、有效性和可靠性分析评价；

　　——工程设计基准和设计参数的合理性复核；

　　——设计重现期状况下工程海冰灾害防御设计合理性的分析评价；

　　——工程防御海冰灾害设计方面的建议与对策；

　　——针对规范规定以外的可预计的海冰风险考虑的完备性，是否采取相应应对措施，针对未明确或未知海冰灾害是否制定对策；

　　——查看工程原设计建设标准是否存在修正版本。若不存在修正版本，则判断为风险极低。若存在修正版本，分析相对原版本的内容增减或修改及相关内容对海冰风险的影响，若不存在显著影响，则判断为风险极低，若存在显著影响，则认为存在风险；

　　——根据工程实际建设条件，应用新的设计建设标准进行重新审核与评估。

　　综合上述内容，提出海冰风险完备性（设计标准）的四个二级指标，并根据各指标对风险发生的可能性和危险度进行了分值分配，如表5-4所示。在对各指标进行量化时，根据指标内容的完备性和合理性，确定等级及权重，如表5-5所示。

表 5-4　海冰风险完备性（设计标准）指标（P_2）计分表

分项指标	分值
海冰问题考虑的完备性（P_{21}）	20 分
防御措施合理性（P_{22}）	8 分
工程设计参数合理性（P_{23}）	8 分
其他可预计海冰风险及应对措施（P_{24}）	4 分
合计	40 分

表 5-5　设计标准指标（P_2）量化标准

等级标准	等级权重 α_{ij}
A 无	1.0
B 有但不合理	[0.6, 1.0)
C 合理但不完备	[0.2, 0.6)
D 基本合理完备	[0.0, 0.2)

（3）结构防御能力现状指标（P_3）

根据 5.1.2 节中海冰灾害致险原因"（3）结构抵御能力的降低"进行分析，本项指标需要考虑的内容包括：

——曾经发生的工程事故（包括由海冰灾害引发的）对结构整体稳定性和局部关键构件强度的影响；

——累计服役多年后工程的海冰灾害抵御能力损失情况，特别是对于已超出设计年限的结构，对其的延期申请资料审查和安全保障措施应有特殊要求；

——工程改造项目对结构整体稳定性和局部关键构件强度的影响；

——海冰防御设施增减对工程抵御海冰灾害能力的影响；

——结构局部构件加强对工程整体抵御能力的影响。

综合上述内容，提出与海冰环境条件相关的两个二级指标，并根据各指标对风险发生的可能性和危险度进行了分值分配。在对各指标进行量化时，根据指标内容的完备性和合理性，确定等级及权重，如表 5-6 所示。

表 5-6　结构防御能力现状指标（P_3）计分表及量化标准

分项指标	分值	因素	等级权重 α_{3j}
已发事故影响 P_{31}	10 分	A 发生且显著降低	1.0
工程改造情况 P_{32}	5 分	B 发生，无显著影响	[0.5, 1.0)
维修与加固情况 P_{33}	5 分	C 无	[0.0, 0.5)
剩余寿命情况 P_{34}	10 分	A 超期服役，未检验	1.0
		B 超期服役，但通过检验	(0.0, 1.0)
		C 设计寿命内	0.0
合计		30 分	

（4）冰期管理行为指标（P_4）

根据 5.1.2 节中海冰灾害致险原因"（4）冰期管理行为的不完善"进行分析，本项指标需要考虑的内容包括：

——是否有针对海冰问题的工程冬季作业模式，及其合理性评价；

——是否有海冰管理行为，及其合理性评价；

——是否建立了冰情与险情的监控与预测体系；

——工程运行阶段防御和降低海冰灾害对策评估；

——海冰防御设施与防御工程的使用效果，设备完整性与维护情况；

——是否有针对次生灾害的应对与管理措施，及其合理性评价；

——是否具有专业的灾害评估专家和应急处置队伍与通畅的沟通联络方式；

——对不可预见性海冰灾害的监控与防范措施的合理性分析；

——对次生灾害的监控与防范措施合理性的分析评价。

综合上述内容，提出与海冰环境条件相关的两个二级指标，并根据各指标对风险发生的可能性和危险度进行了分值分配。在对各指标进行量化时，根据指标内容的完备性和合理性，确定等级及权重，如表 5-7 所示。

表 5-7 冰期管理行为指标（P_4）计分表

分项指标	分值	因素	等级权重 α_{3j}
风险防御工程措施执行情况 P_{41}	6分	A 无效	1.0
		B 有效但不显著	[0.6, 1.0)
风险评估与安全保障措施 P_{42}	4分	C 有效但不完备	[0.2, 0.6)
		D 有效、完备	[0.0, 0.2)
合计		10分	

3. 后果严重度系数量化

后果严重度系数反映事故影响范围和大小，后果严重度系数取值越高表示风险性越高，其表达式为：$S=(S_1+S_2) \times S_3$。

（1）影响范围系数 S_1

影响范围系数为火灾、爆炸死亡半径系数与有毒/污染物质扩散半径系数之和，见表5-8；影响范围最差状况为5。

表5-8　影响范围系数（S_1）选取表

事故影响范围		系数选取
火灾、爆炸死亡半径	0～10m	1
	10～25m	2
有毒/污染物质扩散半径	0～100m	1
	100～500m	2
	500m	3

（2）人员分布系数 S_2

为便于人口密度赋值，参考美国运输部 Partl92 的地区等级划分方法[1]。当有毒/污染物质扩散范围内居民的住宅多于 10 幢，为 3 级密度，10—3 幢，称为 2 级，少于 3 幢时，则称 1 级，见表5-9。人口分布最差状况为5。

表5-9　人员分布系数（S_2）选取表

影响因素	系数选取
违反规定的安全距离	5
3 级人口密度	5
2 级人口密度	3
1 级人口密度	2

（3）监测和应急能力 S_3

快速高效的风险监测和应对措施，能直接有效地防灾减灾，进而降低事故危害程度。监测与应急需要综合考虑以下内容：

——是否针对重点风险源和致灾因子建立监控系统及对应的数据保障体系，及其合理性评价；

——是否具有对关键海冰灾害因子的应急监测手段，及其合理性评价；

——对超设计海冰条件下海冰灾害的工程监控、防范与管理措施的完备性分析；

——对海冰灾害的应急监控与管理系统的完备性分析；

——是否具有完善的应急处置流程及其合理性评价；

——是否存在应急演练等管理行为及其合理性评价；

——是否具有海冰灾害应急启动与终止指标体系及其合理性评价；

——工程风险应急阶段防御和降低海冰灾害对策。

若风险监测的准确及时、人员正确判断和处置、应急预案和相应措施得当，则能可靠地降低50%的事故危害结果，这是最好的情形。根据上述分析，确定监测及应急能力计分表，见表5-10。

表 5-10　监测及应急能力（S_3）记分表

有效与否	分值
有效	50%
部分有效	50%～100%
无效	100%

5.3.3　相对风险分值 R

相对风险分值 R＝事故可能性系数 P×后果严重度系数 S＝（海冰环境条件指标 P_1＋设计标准指标 P_2＋结构防御能力现状指标 P_3＋冰期管理行为指标 P_4）×后果严重度系数 S。

最终的相对风险分值在高约1000分（风险最大）和低约0分（最安全）之间变化，对于大多数工程其分值可在几十到几百之间。

操作过程中，指标的赋分需要风险评估和海洋工程领域具有丰富经验的专家来完成，存在较强的主观性。尽管不同的专家组可能得出不同的值，但总体上可以反映工程的安全水平。

根据本体系建立的指标体系、评分体系，在完成已知数据信息的工程验证并征询专家意见后，参考《石油天然气钻井工程风险量化技术》[8]，探索性的将海洋工程的海冰灾害风险探索性的分为四个等级，见表 5-11。

表 5-11 海冰灾害风险等级表

风险级别	相对风险分值	风险描述
IV	(0，50)	低风险
III	[50，100)	中风险
II	[100，250)	高风险
I	[250，1000]	极高风险

5.4 风险评估方法的案例分析

5.4.1 某核电工程海冰灾害风险量化分析

1. 工程情况介绍

我国冰区某核电工程是我国在有冰海域建设的第一个核电工程，年产值约 100～120 亿元。

2. 风险指标量化

（1）事故可能性系数 P 量化分析

根据工程设计、建造与运行情况，对该冰区核电工程的海冰灾害风险可能性的分项指标进行描述：

a）海冰环境条件指标（P_1）

因核电工程设计标准中没有涉及对海冰问题的考虑，且未明确对此类工程造成威胁的海冰要素和海冰特征，因此海冰环境条件中的致灾因子未定，相关的环境条件要素亦未考虑。

b）海冰风险完备性（设计标准）指标（P_2）

因我国核电工程应用于有冰海域尚属首例，在国内核电工程的设计规范中未对海冰可能引发的风险进行要求，海冰设计参数也无从谈起。按照一般冰区沿海工程的使用思路，采用了防波堤工程，并对取水口处的海冰情况进行了模拟计算，进而对导流堤工程设计方案进行了调整，在一定程度上降低了海冰的风险，但由于往复潮流的原因，取水口门处仍有大面积海冰，未能从根本上消除海冰发生和存在的可能性。

c）结构防御能力现状指标（P_3）

该冰区核电工程自 2012 年试运行，该海域冬季曾在距离取水口数公里处发现了竖向尺寸达 10m 的堆积冰，对取水口的安全造成直接威胁。由于该工程属于新建项目，尚未有海冰相关的工程改造和维护工作。

d）冰期管理行为指标（P_4）

从核电工程本身而言，由于其高风险性，对于风险防御措施和管理行为已经非常完善，对于尚不明确的海冰灾害风险问题，也采取了冬季监测保障的措施。

根据风险可能性指标 P 各一级指标的描述分析，参照 5.3.2 节第 2 部分确定各二级指标的风险级别和权重，最终给出该冰区核电工程的风险量化结果如表 5-12 所示。

（2）后果严重度系数量化

根据工程特征、选址情况和管理水平，对该冰区核电工程的海冰灾害风险后果严重度的分项指标进行描述：

a）事故影响范围指标（S_1）

核电工程一旦发生火灾或爆炸，强辐射和有毒/污染物质会在短距离内产生致命性的严重后果。

b）人员分布系数指标（S_2）

若发生核泄漏事故，辐射范围可达 20 公里，根据该冰区核电的选址情况，在此范围内居民的住宅多于 10 幢，人口密度为 3 级。

表 5-12 某冰区核电工程海冰灾害事故可能性 (P) 计分表

一级指标 指标内容	二级指标 指标内容	定性描述	风险等级	权重系数 α_{ij}	最大赋值 $v_{ij\max}$	指标结果 v_{ij}	总分值	量化结果
海冰环境条件指标 (P_1)	海冰致灾因子数值核查情况 (P_{11})	规范中无相关规定	A	1	15	15	20	20
	其他设计环境参数 (P_{12})	规范中无相关规定	A	1	5	5		
海冰风险完备性（标准）指标 (P_2)	海冰风险完备性 (P_{21})	规范中无相关规定	A	1	20	20.0	40	32.0
	防御措施合理性 (P_{22})	采用了导流堤	C	0.4	8	3.2		
	设计参数合理性 (P_{23})	规范中无相关规定	A	1	8	8.0		
	其他可预计海冰风险及应对措施 (P_{24})	采用了冬季海冰监测	C	0.2	4	0.8		
结构防御能力现状指标 (P_3)	已发事故影响情况 (P_{31})	曾发生大尺度堆积冰	B	0.5	10	5	30	5
	工程改造情况 (P_{32})	无	C	0	5	0		
	维修与加固情况 (P_{33})	无	C	0	5	0		
	剩余寿命情况 (P_{34})	新建工程，剩余寿命充足	C	0	10	0		
冰期管理行为指标 (P_4)	风险防御工程措施执行情况 (P_{41})	导流堤不能完全阻隔取水口存在海冰	D	0.1	6	0.6	10	1.4
	风险评估与安全保障措施 (P_{42})	海冰监测初启动	C	0.2	4	0.8		
事故可能性 (P)	合计					58.4	100	58.4

c）监测及应急能力指标（S_3）

由于核电工程的特殊性，已经基本具备了完备的监测与应急系统，但是由于对海冰灾害风险的问题尚未完全明确，使得海冰监测技术和监测体系现状仍无法完全满足核电工程冰期安全运行的需求，尚需进一步研究完善。

根据后果严重性指标 S 各一级指标的描述分析，参照 5.3.2 节第 2 部分（3）给出各二级指标的说明，最终给出该冰区核电工程的后果严重性量化结果，如表 5-13 所示。

表 5-13　后果严重度系数（S）选取表

一级指标	二级指标		系数选取
	指标描述	量值	
事故影响范围（S_1）	事故影响范围　火灾、爆炸死亡半径	$10\sim25$m	2
	有毒/污染物质扩散半径	500m	3
人员分布系数（S_2）	影响因素　人口密度	3 级	5
监测及应急能力（S_3）	是否有效　部分有效	$50\%\sim100\%$	80%
合计（S）$S=(S_1+S_2)\times S_3$			8

3. 相对风险分值 R

参照 5.3.3 节，给出该冰区核电工程的相对风险分值与风险等级，其中：

相对风险分值：$R=P\times S=58.4\times8=467.2$；

风险等级：Ⅰ 级，极高风险（参照表 5-11）。

5.4.2　某老龄三腿导管架油气平台海冰灾害风险量化分析

1. 工程概况分析

某三腿导管架油气平台所处海域设计水深 16.5m。该平台始建于 1997 年，在 1999～2000 年冬季，强烈的稳态振动曾经引发两次严重的险情事故：2000 年 1 月 28 日，持续十几分钟的稳态振动，导致排

空管线的断裂，高压天然气突然喷出，造成了平台的自动关断。同年
2月7日，在对平台的正常检查中发现生产流程的一个法兰松动，造
成天然气的泄漏。在该平台的强烈振动进行分析后，确定为最为危险
的直立结构自激稳态振动，并提出了人员撤离、安装锥体和甲板上部
管汇加固等方案。在该平台安装锥体后，2000～2001年冬季对平台的
冰激振动进行了测量，并通过与未安装锥体时直立结构的振动进行比
较，分析加锥效果。冰振对比结果表明，安装锥体不仅消除了稳态振
动，而且降低了结构冰振。

在安装破冰锥体改造后的第一个冬季，即2001～2002年冬季，
渤海遭遇了自该平台投产以来最严重的冰情，冰情等级达到4.0，从
冰情等级上来看也是自1976年迄今的最为严重的冰情之一。平台经
受住了考验，没有发生比较大的事故。安装锥体完全消除了稳态振
动，从而大大增加平台的抗冰能力。安装锥体前后平台的极值振幅改
变不大，将安装锥体后发生极值振幅与安装锥体前发生稳态振动的平
均振幅比较，发现平台的振动幅度大大降低。从降低疲劳荷载的角
度，平台减振的效果已经达到。

安装锥体后，由于冰的破碎频率很低。远远低于平台上部结构的
频率，同时对平台上部重点部位加固后，上部构件的固有频率提高，
边梢效应大大降低，其抗冰能力增强。由此可见，对平台的改造达到
了预期的目的。

2. 风险指标量化

（1）事故可能性系数 P 量化分析

根据工程设计、建造与运行情况，对该三腿油气平台的海冰灾害
风险可能性的分项指标进行描述：

a）海冰环境条件指标（P_1）

依照《中国海海冰条件及应用规定》（Q/HSn 3000—2002）选取
确定该工程的海冰环境条件，其结果合理可信。

b）海冰风险完备性（设计标准）指标（P_2）

在该工程设计阶段的 20 世纪 90 年代，国内外对于结构冰激振动问题尚不明确，国际和国内的规范中均未明确提及动冰力问题，因此，设计规范的不完善使得该结构处于较高的风险状态。同时，该工程结构为三腿形式，且两个桩腿与三个隔水套管共同面向辽东湾的主潮流方向，使得结构最大可能冰力发生概率最大。经过多年的冬季运行表明，结构冰激振动非常显著，结构设计有待进一步优化。

c）结构防御能力现状指标（P_3）

该工程结构选用了破冰锥体作为海冰防御工程，有效地避免了最危险的稳态振动的发生。

d）冰期管理行为指标（P_4）

采用冬季作业模式、破冰船职守、冰情监测预报等于一体的海冰管理，最大程度的保障了结构冰期的安全运行。

根据风险可能性指标 P 各一级指标的描述分析，参照 5.3.2 节第 2 部分给出各二级指标的风险级别和权重，结合 5.3.2 节第 1 部分中各一级指标的赋值，最终给出该三腿油气平台的风险量化结果，如表 5-14 所示。

（2）后果严重度系数量化

根据工程特征、选址情况和管理水平，对该三腿油气平台的海冰灾害风险后果严重度的分项指标进行描述：

a）事故影响范围指标（S_1）

海上油气勘探工程，特别是气矿一旦发生火灾或爆炸，会在短距离内产生致命性的严重后果。

b）人员分布系数指标（S_2）

对于海上油气工程，事故范围内通常没有常驻居民。

c）监测及应急能力指标（S_3）

已经建立了完善的监测系统和应急防御系统，辽东湾油气平台的

表 5-14 某三腿导管架油气平台事故可能性 (P) 计分表

一级指标 指标内容	二级指标 指标内容	定性描述	风险等级	权重系数 α_{ij}	最大赋值 $v_{ij\max}$	指标结果 v_{ij}	总分值	量化结果
海冰环境条件指标 (P_1)	海冰致灾因子数值核查情况 (P_{11})	所依据的企业规范合理可信	D	0	15	0	20	0
	其他设计环境参数 (P_{12})	所依据的企业规范合理可信	D	0	5	0		
海冰风险完备性（标准）指标 (P_2)	海冰风险完备性 (P_{21})	设计阶段规范不全面，海冰问题认识不全面，设计欠妥	B	0.7	20	14.0	40	16
	防御措施合理性 (P_{22})	安装破冰锥体基本达到预期效果	D	0.1	8	0.8		
	设计参数合理性 (P_{23})	按照企业规范选取	D	0.1	8	0.8		
	其他可预计海冰风险及应对措施 (P_{24})	海冰监测保障安全生产	D	0.1	4	0.4		
结构防御能力现状指标 (P_3)	已发事故影响 (P_{31})	管发生过管线泄露的局部风险事故	B	0.5	10	5	30	15
	工程改造情况 (P_{32})	经过技术改造提高高抗冰能力，降低风险	C	0	5	0		
	维修与加固情况 (P_{33})	经过管线检修，降低风险	C	0	5	0		
	剩余寿命情况 (P_{34})	已超期服役，设计寿命15年	B	0.8	10	8		
冰期管理行为指标 (P_4)	风险防御工程措施执行情况 (P_{41})	破冰锥体、破冰船职守、海冰管理	D	0.1	6	0.6	10	1
	风险评估与安全保障措施 (P_{42})	基于监测的险情预报与安全保护措施	D	0.1	4	0.4		
事故可能性 (P)	合计				30		100	32

海冰管理保障实现了该有冰海域 20 多年安全作业安全。

根据后果严重性指标 S 各一级指标的描述分析，参照 5.3.2 节第 3 部分给出各二级指标的说明，最终给出该油气工程的后果严重性量化结果，如表 5-15 所示。

表 5-15 后果严重度系数 (S) 选取表

一级指标	二级指标			系数选取
	指标描述		量值	
事故影响范围 (S_1)	事故影响范围	火灾、爆炸死亡半径	$10\sim25$m	2
		有毒/污染物扩散半径	500m	3
人员分布系数 (S_2)	影响因素	人口密度	1 级	2
监测及应急能力 (S_3)	是否有效	有效	50%	50%
合计 (S) $S=(S_1+S_2)\times S_3$				5

3. 相对风险分值 R

参照 5.3.3 节，给出该三腿油气平台的相对风险分值与风险等级，其中：

相对风险分值：$R=P\times S=30\times5=150$；

风险等级 II 级（参照表 5-11）。

5.4.3 某新建独腿导管架油气平台海冰灾害风险量化分析

1. 工程情况介绍

该平台 2005 年应用投产的独腿加锥平台。该平台所处海域设计水深 13.5m，水面位置桩腿安装正倒组合锥体，正倒锥体交界处的最大锥径为 6.0m，正倒锥体斜面均为 60°，是迄今渤海冰区安装最大锥体的导管架结构，因此针对该结构开展锥体冰力研究具有重要意义。该独腿油气平台的现场测量系统包括冰力测量、结构响应测量和视频记录冰与结构的作用过程。

2. 风险指标量化

(1) 事故可能性系数 P 量化分析

根据工程设计、建造与运行情况，对该独腿油气平台的海冰灾害风险可能性的分项指标进行描述：

a) 海冰环境条件指标（P_1）

依照《中国海海冰条件及应用规定》（Q/HSn 3000—2002）选取确定该工程的海冰环境条件，其结果合理可信。

b) 海冰风险完备性（设计标准）指标（P_2）

经过了近 20 年的冰区结构动冰力和冰激振动问题研究，通过结构选型，优化尺寸，减振工程措施等方式最终确定了该工程结构设计形式。多年的结构冬季安全运行表明，验证了该工程结构的优化设计。

c) 结构防御能力现状指标（P_3）

该工程结构选用了破冰锥体作为海冰防御工程，有效地避免了最危险的稳态振动的发生。

d) 冰期管理行为指标（P_4）

采用冬季作业模式、破冰船职守、冰情监测预报等于一体的海冰管理，最高程度的保障了结构冰期的安全运行。

根据风险可能性指标 P 各一级指标的描述分析，参照 5.3.2 节第 2 部分给出各二级指标的风险级别和权重，结合 5.3.2 节第 1 部分中各一级指标的赋值，最终给出该独腿油气平台的风险量化结果，如表 5-16 所示。

(2) 后果严重度系数量化

该独腿油气平台和前面三腿油气平台的海冰灾害风险后果严重度一致，分项指标进行描述与 5.4.2 节第 2 部分 (2) 相同，如表 5-16 所示，最终后果严重度系数 S 为 5。

表 5-16 某独腿导管架石油平台事故可能性 (P) 计分表

一级指标 指标内容	指标内容	二级指标		风险 等级	权重系数 α_{ij}	最大赋值 $v_{ij\,max}$	指标结果 v_{ij}	总分值	量化结果
		定性描述							
海冰环境条件指标 (P_1)	海冰致灾因子数值核查情况 (P_{11})	所依据的企业规范合理可信		D	0	15	0	20	0
	其他设计环境参数 (P_{12})	所依据的企业规范合理可信		D	0	5	0		
海冰风险完备性（标准）指标 (P_2)	海冰风险完备性 (P_{21})	海冰问题认识全面、结构优化设计		D	0.1	20	2.0	40	4
	防御措施合理性 (P_{22})	破冰锥体、减振措施效果显著		D	0.1	8	0.8		
	设计参数合理性 (P_{23})	按照企业规范选取		D	0.1	8	0.8		
	其他可预计海冰风险及应对措施 (P_{24})	海冰监测保障安全生产		D	0.1	4	0.4		
结构防御能力现状指标 (P_3)	已发事故影响 (P_{31})	无		B	0	10	0	30	1
	工程改造情况 (P_{32})	无		C	0	5	0		
	维修与加固情况 (P_{33})	无		C	0	5	0		
	剩余寿命期限内 (P_{34})	服役年限内		C	0	0	0		
冰期管理行为指标 (P_4)	风险防御工程措施执行情况 (P_{41})	冬季作业模式、破冰船体、破冰船职守、海冰管理		D	0.1	6	0.6	10	1
	风险评估与安全保障措施 (P_{42})	基于监测的险情预报与安全保护措施		D	0.1	4	0.4		
事故可能性 (P)		合计					5	100	5

3. 相对风险分值 R

参照 5.3.3 节，给出该独腿油气的相对风险分值与风险等级，其中：

相对风险分值：$R=P\times S=5\times 5=25$；

风险等级：Ⅳ级，低风险（参照表 5-11）。

5.5 小 结

本章在海冰灾害风险识别的基础上，提出了针对海冰灾害风险量化技术—风险指标评估法。结合科学计算和实际经验，建立了较为系统的海冰灾害风险评估指标及结构体系，并探索性的提出了风险分级标准。由于海冰灾害是十分复杂的问题，而指标系统量化工作十分繁琐，现阶段评估指标的量化倾向原则性和指导性，各项风险指标需要制定更为严谨细致的评分规则，有待进一步的补充、修正。

参 考 文 献

[1] 李志军，王永学. 渤海海冰工程设计特征参数. 海洋工程，2000，18（1）：61—64.

[2] 张云吉，金秉福，冯雪. 近半个多世纪以来渤海冰情对全球气候变化的响应. 海洋通报，2007，26（6）：96—101.

[3] 刘煜，刘钦政，隋俊鹏，等. 渤、黄海冬季海冰对大气环流及气候变化的响应. 海洋学报：中文版，2013（3）：20—29.

[4] 张启文. 渤海海冰变化与气象条件的关系. 海洋预报，1986（1）：51—56.

[5] 刘雪琴，袁帅，史文奇，等. 基于光学视频的冰区核电海面浮冰监测

与分析系统设计.海洋环境科学，2017（5）：791—795.

［6］段梦兰，方华灿，等.渤海老二号平台被冰推倒的调查结论.石油矿场机械，1994，23（3）：1—4.

［7］邓树奇.渤海海冰灾害及其预防概况.灾害学，1986，（创刊号）：80.

［8］张洪梅、李俊荣、尹立华，等.石油天然气钻井工程风险量化技术.中国安全生产科学技术.2012，8（8）：127—131.

6 海洋工程海冰灾害风险排查和监测信息体系

6.1 海洋工程海冰灾害风险排查

开展海洋灾害风险排查工作，可以掌握海洋灾害风险基本情况，有效提高海洋灾害防御能力，减少海洋灾害损失，并为海洋灾害防御管理与决策服务。

6.1.1 风险排查原则

海洋工程海冰灾害风险排查应遵循以下基本原则：

优先排查原则：所在附近区域曾经遭受海冰灾害严重影响的海洋工程，要优先开展风险排查；建设时未考虑海冰灾害影响的大型工程，需优先开展风险排查。

分类排查原则：对于海洋工程按照性质、类型、规模等进行分类，针对各类型沿海工程不同要求分别开展风险排查。

可靠性原则：对资料来源、数据精度及数据质量等有明确的描述，保证所用资料权威可靠；风险排查所使用的技术方法和模型要经过充分的验证，具有可靠性。

综合性原则：综合考虑海洋工程所在区域海冰灾害类型和潜在海冰灾害风险、大型工程的发展形势和海冰灾害防御能力、自然环境的变化、社会经济的发展变化等，综合开展风险排查。

可扩展性原则：各阶段具体排查内容项目不限于本标准所列项，在排查工作中，可依据具体工程特点进行扩充和调整。

6.1.2 风险排查技术程序

海洋工程海冰灾害风险排查技术程序包括：基础数据资料收集与准备（含工程资料和海洋环境资料）、海冰灾害风险排查工作实施、工程整体风险评价和整改意见以及风险排查技术报告编制四个阶段（图 6-1）。

基础数据资料收集与准备阶段：收集工程有关的技术文件、历史和现状数据资料，收集工程所在海域的海冰及相关环境要素的历史和现状数据资料；依据所获取的数据、资料，对基础数据的代表性、有效性、可靠性进行分析和校核；开展基础数据资料初步分析等。

海冰灾害风险排查工作实施：确定排查范围、排查内容和排查重点，制定排查工作方案，明确排查的关键参数和流程方法；开展工程设计资料评估，分析工程设计重现期、防护设计基准和设计参数的合理性，工程设防措施和防护能力的可靠性等；开展工程状态（完整性）风险排查，分析冰期运行管理、灾期应急措施和设备的完备性和合理性；提出具体排查结论等。

工程整体风险评价和整改意见：根据排查结论给出相应的工程整体风险评价和整改措施建议，经过专家组论证，作为建议写入风险排查技术报告中。

风险排查技术报告编制阶段：根据分析、评价和评估结论，编制海冰灾害风险排查技术报告书。

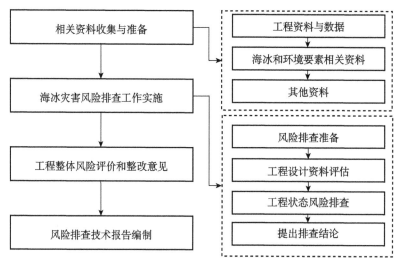

图 6-1 排查技术程序流程图

6.1.3 风险排查内容

1. 总体要求

根据第 2 章中所分析海冰灾害风险原因，确定海洋工程海冰灾害风险排查内容包括原生灾害风险排查（工程设计资料复核评估、海洋环境设计条件复核、工程抗冰能力现状评估）、次生灾害风险排查和灾害防御应急预案排查。

2. 工程设计资料评估

根据工程设计资料全面开展工程的海冰灾害防御初始能力（设计阶段）的评价评估，包括：

（1）基于冰区工程建设标准的风险排查

针对自然条件的变化、真实结构与设计参数的差异性，以及设计建设规范的修订，需应用最新工程参数和核算后的海冰灾害特征参

数，使用最新设计建设规范对工程设计参数进行核查。重点进行核算
后的海冰灾害特征参数和原始设计海冰参数的核查。基于冰区工程建
设标准的风险排查流程如图 6-2 所示。

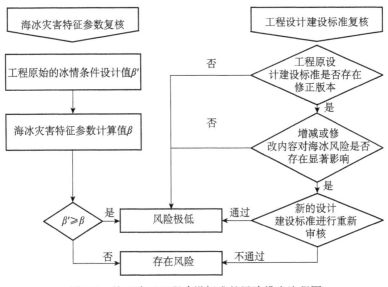

图 6-2 基于冰区工程建设标准的风险排查流程图

（2）开展工程其他设计资料的核查工作。

通过工程设计规范的修订情况分析，及其与国内外寒区结构最新
设计建设规范的全面比较，结合海上结构物海冰灾害机理的最新研究
成果，开展对海冰灾害风险问题考虑的完备性分析；核实并分析评价
工程论证设计阶段所采用的基础数据资料的代表性、有效性和可靠
性；针对隔水套管前海冰堆积等已发生的试点海域海冰风险问题，核
查包括工程防御设施在内的可预见海冰灾害问题应对措施的科学性。

3. 工程状态（完整性）风险排查

全面核查工程防御能力现状，主要包括：

（1）开展工程冬季运行状况的风险排查工作

收集工程冬季运行状况相关资料，包括海冰管理技术方案、海冰
监测系统、海冰灾害抵御能力的损失情况、破冰船保障体制（含破冰

路线与原则）等；开展工程海冰风险关键隐患分析，包括结构风险模式与等级、工程结构关键构件及防御设施的疲劳损伤累积情况，进而开展工程抗冰能力现状分析；开展工程运营期海洋环境和风险的监测和观测情况风险排查，包括监测/观测方案检查、信息评估；开展工程冬季作业模式的现场检查，包括海冰管理执行情况和监测/观测设备/体系运转情况等。

（2）灾后防控状况的风险排查工作

开展工程春季检修方案与检修记录的完备性分析；核查工程结构剩余疲劳寿命分析方法的科学性；根据以上技术资料对工程灾后防控状况进行风险排查。

（3）开展工程海洋灾害防御应急预案评估

根据工程的设计资料和运行状况，结合试点海域冰情特征，对工程的抗冰性能进行评价；收集工程应急预案相关资料，包括应急处置预案、启动—应对—终止流程、应急演练指南与记录等；检查应急预案的关键技术环节，包括应急监测手段、应急信息网络等；开展应急案例的资料分析；根据以上技术资料对工程海洋灾害防御应急预案进行评估。

6.1.4 工程整体风险等级判定

海洋工程风险判定级别和相应风险分析如下：

极高风险：论证设计阶段存在原则性错误，或具有代表性的重点环节缺失海冰灾害风险论证，则判定该排查工程整体失效的可能性极大，极易造成结构物损坏或彻底失效、人员伤亡、环境污染和生态破坏等严重后果。

高风险：具有代表性的重点环节论证不完整，或置信度较低，则判定该排查工程整体失效的可能性很大，易造成结构物损害，可能导致人员伤亡、环境污染和生态破坏等后果。

中风险：某环节或阶段存在非原则性问题，整体失效的可能性较小，部分结构或构建的损坏可能性较大，一旦部分失效易造成一定的经济损失和环境污染。

低风险：排查各阶段不存在显著风险，排查对象各部分失效可能性很低，即使部分失效，造成的损失和影响也较小。

若排查各阶段结果良好，在非极端情况下能够安全运行至服务年限，则为风险极低。

工程整体风险等级主要依据重要项排查内容的风险级别判定，不应低于重要项排查内容的排查结果风险级别，同时参照一般项排查内容的排查结果风险级别进行调整。

6.1.5　工程整改措施建议

依据海洋工程风险判定等级给出相应的整改措施建议原则如下：

极高风险：应立即暂停冰期作业，在规定期限内完成整改和再次排查。

高风险：应立即制定针对存在风险的代表性环节的论证、监控和应对策略等有效风险防范措施，直至在规定期限内完成对存在高风险的代表性环节进行整改和再次排查。

中风险：在规定期限内，针对有风险环节重点完善。

低风险：针对有风险环节开展改善工作，消除或降低风险隐患。

6.1.6　小　　结

海冰灾害风险排查属于一种海冰灾害风险防范策略。本章通过前文对海冰灾害风险原因分析结论，对风险排查基本流程、内容进行了研究和确定。开展海冰灾害风险排查可以客观评价工程防御海冰灾害能力，为风险管理提供技术支持。

6.2 海冰灾害风险监测信息体系

开展海冰灾害风险监测，可以在很大程度上提高海冰灾害应对的能力和效率。传统的海冰风险监测，主要集中在海洋要素上，而且无论从监测要素的内容，时空和精度上都不能完全满足保障海洋经济体冰期安全运行的需求。因此，有必要建立针对海洋经济体的海洋灾害风险监测体系。该体系不仅要包括海冰要素的监测，还应包括风险本身的监测，两者互相补充，既可以全面保障结构安全运行、积累大量动态数据，而且对风险研究与监管也大有益处。

6.2.1 海冰灾害风险监测系统基本结构

1. 工程风险监测信息子系统

根据典型承灾体海冰灾害风险源，建立工程风险的监测系统，对海洋工程海冰灾害进行实时监测和危险预警。

如核电工程重点开展导流堤海冰冲击和爬坡情况监测，取水口海冰堵塞情况监测；油气勘探开发工程重点开展结构变形、振动响应和累积疲劳损伤情况监测；港口码头工程重点开展堤坝海冰冲击和爬坡情况监测，以及码头桩柱稳定性监测。

2. 海冰环境监测信息子系统

根据海冰灾害风险指标体系中所明确的致灾因子和风险发生的机理分析，建立海冰灾害特征参数监测系统，实现动态评估结构风险的目标。

如海冰动力冲击问题需要监测海冰的厚度、速度和冰类型。

3. 海冰灾害风险监测系统

综合海冰环境和工程风险监测信息，利用海冰灾害的发生机理，可对典型的海冰灾害风险类别进行动态的监控，为风险控制与防范提供直接和准确的依据。

6.2.2 渤海石油平台的海冰灾害风险监测系统及应用

以渤海冰区石油平台的成功应用案例对海冰灾害动态监控系统进行说明。

1. 海冰灾害监测系统构架

根据前文所述，石油平台的海冰灾害风险主要包括结构整体坍塌、构件局部疲劳断裂、构件局部磨损和重要设备损坏四类，风险源为海冰的极值冲击、动力冲击、海冰堆积和冻胀力。张大勇[1]对石油平台海冰灾害失效模式进行了分析分类如表 6-1 所示。

表 6-1 海冰灾害引发的石油平台失效模式分类分析

失效类型	风险描述	失效判别指标
主体结构失效模式	极值静冰荷载下结构整体的抗性失效（静力失效）	结构极值应力、最大变形、安全系数
	动冰荷载引起的结构疲劳破坏（动力失效）	管节点交变应力
非主体结构失效模式	动冰荷载下作业人员感受失效	甲板振动加速度均方根值、振动方向、频率、等效持续时间等
	动冰荷载下上部设施失效	甲板振动加速度均方根值

渤海冰区石油平台的海冰灾害监测系统主要包括结构运行状态监测子系统和海冰环境要素监测子系统。其中，前者即为工程风险监测系统。对于工程风险，根据海冰灾害的风险模式，重点监测结构整体姿态、结构变形（热点应变）、甲板振动响应和设备运行状况。对于海冰要素而言，重点记录海冰类型、冰厚、冰速等冰情信息，以及海

冰对结构的作用荷载。如图 6-3 所示。

图 6-3　海冰区石油平台海冰灾害监测系统

2. 风险监测：结构运行状态监测子系统

（1）结构整体姿态监测

结构整体姿态监测主要采用倾角监测传感器，如 DGK-6750 大地梁式倾斜仪，其测量精度可达 0.001 度，内置温度补偿及非线性修正功能，特别适用于大坝、边坡等结构的准静态倾斜测量。

（2）结构关键节点应变监测

海上平台钢结构的节点较多，可能发生应力集中现象，特别是水下部分的热点应力对结构水平荷载非常敏感，是结构整体安全的风险点。基于对结构的模拟分析，确定关键热点位置，再选用适合的应变传感器进行实时监测。

（3）结构振动监测

由于平台的振动为低频振动，因此低频特性好的振动传感器。应用中的结构振动测量系统具有灵敏度高、测量范围大、低频特性好等优点。根据测量目的的不同，该系统可以测量速度、加速度和动位移三种物理量。为了测量结构不同方向水平振动、扭转振动，在平台的每层甲板布置多个拾振器，测量每层甲板的响应情况。为了测量平台振型，对多层甲板布置了拾振器。为了保证测量结果的准确性，在测量前对测量系统进行了系统标定。

（4）高危管线的监测

在高危管汇上直接安装加速度传感器，实时监控管线设备的运行情况。

3. 环境监测：海冰环境要素监测子系统

（1）冰情监测

海冰参数主要包括海冰类型、冰厚、冰速、来冰方向。通过在平台结构上采用可见光视频、微波雷达以及人工判读的方法获取冰情信息。

其中，可见光视频方法是将摄像头安装在距离水面比较近的位置，通常为下层甲板，记录上述海冰参数信息[2]。大连理工大学开发了海冰数字图像采集与处理系统[3]，可以利用视频资料快捷方便的获取冰厚、冰速和冰密集度的信息。

航海雷达的原理是向目标发射固定波长的电磁波，通过接收回波的强度发现与识别目标[4]。辽东湾 JZ20-2 平台上安装的测冰雷达可以识别莲叶冰、光滑平整冰、粗糙冰与冰脊[5]。莲叶冰是海冰形成大面积冰盖前的形态，形似莲叶。莲叶冰由于有清晰的冰水界面，从雷达屏幕上可以观测到 6n mile 内的莲叶冰。

（2）冰荷载监测

海冰对结构的作用力可以通过压力盒直接测量[6,7]，也可通过结构应变响应间接测量[8]。

4. 基于监测的海冰灾害风险判别监测系统的应用情况

油气平台的海冰灾害风险监测体系，已经在海冰管理项目中应用了 20 余年，保证了渤海油气开发在高风险条件下的安全运行。以平台结构冰激振动引发的非结构性失效模式为例，分别分析工程风险监测和环境监测如何达到海冰灾害风险动态监控的目的。

平台甲板振动主要会影响作业人员和上部设施的正常工作，根据国家标准对人体全身振动暴露的舒适性降低界限和评价准则（GB/T 13442—92）[9]，冰激振动对作业人员的影响可以归结为以下几种：轻微影响，舒适性降低，工效降低，影响健康。基于对冰区平台的监测信息，冰激振动对上部设施的影响主要表现为以下几种：轻微破坏、法兰松动、管线断裂。结合以上分析，季顺迎等将抗冰平台动冰力作用下的功能等级、破坏状态、加速度均方值界限归纳[10]，列于表6-2中。

表 6-2　石油平台甲板振动导致的失效等级

失效等级	破坏状态	加速度均方值界限/（m/s^2）
I	人员基本完好、设备轻微破坏	$a_{r.m.s,a}<0.11$
II	人员感到不舒适、设备轻微破坏	$0.11<a_{r.m.s,a}<0.347$
III	影响人员功效、设备轻微破坏	$0.347<a_{r.m.s,a}<0.4$
IV	影响人员功效、法兰松动	$0.4<a_{r.m.s,a}<0.694$
V	影响人员健康、法兰松动	$0.694<a_{r.m.s,a}<1.04$
VI	影响人员健康、管线断裂	$a_{r.m.s,a}>1.04$

（1）基于结构振动监测的风险等级直接判别

根据工程风险监测中的甲板加速度信息监测，可以直接判断出当前时刻下的结构失效等级与破坏状态，如图6-4所示。

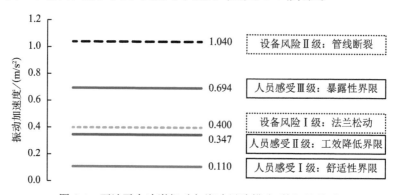

图 6-4　石油平台冰激振动与海冰风险模式/等级的关系

（2）基于冰情监测的风险等级动态监控

利用数值分析[11]、实测数据统计[10]和理论分析[7]等方法，可以计算获得不同冰况（冰厚、冰速和来冰方向）下冰情与结构振动响应的对应关系。利用结构振动响应与失效级别的关系，可以建立起冰情与结构失效等级的关系。这里要特别说明的是，由于不同结构其动力特征各不相同，因此冰情与振动响应的关系相差很大，需要单独进行分析。

大连理工大学根据 2010～2011 年现场监测数据分析，获得了冰厚为 6cm、8cm、10cm 和 12cm 时冰速与两座石油平台加速度均方根值的统计关系[10]，如图 6-5 所示。分析结果表明，在一般冰厚情况下，处于低风险的某单腿导管架平台不会因结构冰激振动而发生失效风险；而处于高风险的某三腿导管架平台则需要随时关注海冰风险问题：在冰速高于 60cm/s 时开始密切关注结构情况，当冰速达到 80cm/s 时，可能需要采取必要的破冰措施。

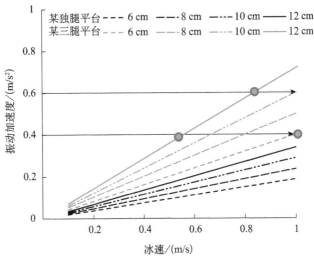

图 6-5　典型石油平台冰激振动与典型冰情的对应关系

结合冰情的预测结果，即可对结构的未来风险情况进行客观科学的预判与评估，从而达到结构风险动态监控的目标。

总之，基于结构振动监测的风险等级直接判别方法与基于冰情监测的风险等级动态监控方法各有利弊，如表 6-3 所示。综合两者的海冰灾害风险监测系统具有客观、科学、实用的优点，并且可以为企业、政府和国家等不同层面的风险管理所用。

表 6-3　工程风险监测与海冰环境监测方法的优缺点比较

监测类别	风险监测途径	优点	缺点
工程风险监测	风险等级直接判别方法	可对结构的风险情况进行实时监测与直接判断	风险预判时效性不强
海冰环境监测	风险等级动态监控方法	结合冰情监测与预测信息，可对风险情况进行提前预判	需要针对各承灾体分别建立冰情—工程风险关系

6.2.3　小　　结

对于海冰灾害风险的监测，已经由单纯的传统海冰要素监测扩展到工程风险监测，由全要素监测精练到致险因子监测。监测目的更加明确，监测效果更为直接有效。科学的理念也可广泛应用于工程海冰灾害风险防范之中。

参 考 文 献

［1］张大勇. 基于性能的抗冰导管架结构风险设计研究. 大连：大连理工大学博士学位论文，2007.

［2］毕祥军，于雷，王瑞学，等. 海冰厚度的现场测量方法. 冰川冻土，2005，27（4）：563—567.

［3］季顺迎，王安良，王宇新，等. 渤海海冰现场监测的数字图像技术及其应用. 海洋学报，2011，3（4）：79—87.

［4］岳前进，毕祥军，季顺迎，张涛. 航海雷达识别与跟踪海冰试验. 大连理工大学学报，2000，40（4）：500—504.

[5] 季顺迎，陈晓东，刘煜，等. 基于油气平台的海冰雷达监测图像处理及冰速测量，2013（3）：119—127.

[6] YUE Q J，BI X J，SUN B，et al. Full scale force measurement on JZ20-2 platform. Proceedings IAHR Ice Symp.，Beijing，1996：282—289.

[7] Wang Y，Yue Q，Bi X. Ice force measurement technology of jacket platform in Bohai Sea. International Journal of Offshore and Polar Engineering，2012，22（1）：46—52.

[8] 许宁，岳前进，王延林. 基于水下光纤应变监测的导管架结构总冰力测量方法. 海洋工程，2014，032（005）：9—14.

[9] 人体全身振动暴露的舒适性降低界限和评价准则. GB/T 13442—92.1992.

[10] 季顺迎，岳前进. 工程海冰数值模型及应用. 北京：科学出版社，2011.

附　　录

附录 1　典型海域冰情概述

1. Baltic 海

• 北部海区 Bothnian 湾常年冰情:

平整冰厚 0.6~0.9m, 重叠冰厚 1.0~1.5m, 冰脊 3~25m, 最大冰速 0.5m/s。

• 南部海区冰情:

显著轻于北部海区, 计划建造一定规模的海上风力发电工程结构物。

2. Cook 湾

• 常年冰情:

平整冰厚 0.6~0.9m, 重叠冰厚 1.2~1.5m, 冰脊 4~10m, 最大冰速 4.5m/s。

3. 北美地区

• Beaufort 海常年冰情:

平整冰厚 1.5～2.3m，重叠冰厚 2.5～4.5m，冰脊 15～28m，多年冰厚达 10m，最大冰速 0.2m/s。

4. Okhotsk 海

• 北部 Magadan 常年冰情：

平整冰厚 1.1～1.6m，重叠冰厚 1.9～2.9m，冰脊 12～20m，最大冰速 1.0m/s。

• 西岸 Kamchatka West 冰情：

与 Sakhalin 相似

• 南部 Sakhalin 常年冰情：

平整冰厚 0.7～1.3m，重叠冰厚 2.0～3.3m，冰脊 20～23m，最大冰速 1.8m/s，该海域地震较为活跃。

5. 北 Caspian 海

• 常年冰情：

平整冰厚 0.8m，重叠冰厚＞3m，冰脊受水深限制，最大冰速 0.5m/s。

6. 俄罗斯极区

• Barents 海：

冰脊问题显著，是结构设计的控制要素，Shtokman 区域水深 240m；

• Kara 海西北海区（Yamal-Ob River Bay）常年冰情：

平整冰厚 1.4～1.8m，最大冰速 0.3m/s，存在多年冰。

Ob 河湾有非常厚的平整冰，几乎没有流动性，迄今为止仍没有开发针对于该海区的解决方案

7. Chuckhi 海

• 该海域是新开发的海域，常年冰情如下：

平整冰厚 0.5～0.8m，重叠冰厚 1.0～3m，冰脊 8～15m，最大冰速 0.5m/s，存在多年冰。

8. 渤海辽东湾

● 常年冰情：

平整冰厚 0.2m，重叠冰厚 0.3～0.4m，堆积冰龙骨 4.5m，最大冰速 1.2m/s。

附录 2　典型冰区海域主要工程结构物类型

1. Baltic 海的灯塔和风力发电设施

● Norstromsgrund 灯塔

Norstromsgrund 灯塔位于北纬 65°6.6′N，东经 22°19.3′E。距离 Bothnia 湾的瑞典 Lulea 港东南 60km 处。灯塔附近海域水深约为 13m。该灯塔为钢筋混凝土圆柱腿结构，灯塔结构总高度为 42.3m，一共分为 9 层，见附图 2-1。上部为直升飞机甲板。包括后来安装的压力盒，水面处直径为 7.52m。由于新的导航技术的普及，类似灯塔已经不作为导航设施使用。

附图 2-1　冬季的 Norstromsgrund 灯塔

在常见冬季，该灯塔位于沿岸固定冰与流动浮冰区域交界处。常见平整冰厚为 40～60cm，重叠冰厚为 1m 左右。由于冰的流动性很强，该海域极易形成冰丘或者冰脊。冰脊龙骨处厚度通常超过 6m。

• Kemi-I 灯塔

Botic 海 Bothnia 湾 Kemi-I 灯塔，所处海域冰期为 11 月～次年 5 月。冰的运动主要受风的驱动，最大达到 0.5m/s。平整冰厚为 0.6～0.9m，重叠冰为 1.0～1.5m。Kemi-I 灯塔水面尺寸约 10m，斜面与水平的夹角为 56°，见附图 2-2。

附图 2-2　Kemi-I 灯塔全景和冰堆积

• 风力发电设备

丹麦能源生产公司 SEAS 在建立大型近海风力发电塔，见附图 2-3。

附图 2-3　丹麦水域内近海风力涡轮机

2. Cook 湾导管架平台

抗冰导管架平台最早出现在美国阿拉斯加库克湾油田。1964年美国在阿拉斯加库克湾建造了世界上第一座抗冰导管架平台，至1986年已建成15座平台，平台类型有独腿、三腿和四腿平台（附图2-4）。在此期间，美国同时进行了现场海冰观测和冰与结构相互作用试验，积累了相当丰富的抗冰导管架平台设计建造经验和抗冰经验。

附图 2-4　美国库克湾抗冰导管架平台

3. Beaufort 海

● 移动式沉箱 Molikpaq 平台

极区移动式沉箱 Molikpaq，该结构斜面角度为 67° 和 81°，最大水面尺度约 111m（附图 2-5）。该平台曾先后用于多个地点，曾经应用于 Beaufort Sea，现在应用于 Sakhalin。1984/1985 首次应用在 Tarsiut P-45，该地区冰厚 0.25～1.2m，冰速 0.05～0.25m/s。

附图 2-5　Molikpaq 极区移动沉箱

- Confederation 大桥

St. Lawrence 湾南部的 Confederation 大桥桥墩（附图 2-6）。该海域的冰期为 2 月～4 月，最大的平整冰可达 0.8m，重叠冰厚超过 2m，河道较窄流速较快，平均冰速达到 0.2m/s。水线处锥体达到 14m 宽度。

附图 2-6　Confederation 大桥

4. Okhotsk 海

Okhotsk 海应用的沉箱 Sakhalin Ⅱ如附图 2-7 所示。

附图 2-7　沉箱结构 Sakhalin Ⅱ—Molikpaq-Lunskoye A

5. 渤海石油平台

渤海冰区油气开发中以导管架平台和沉箱平台作为主要的载体形式。

• 沉箱结构

JZ9-3 沉箱平台处于渤海冰区，由于离岸边更近，水深不足 10m，在同海域中冰情相对严重。渤海冰区冰期通常为 12 月～次年 3 月初，现有设计规范中平整冰厚 0.45m，重叠冰厚超过 1m。海冰运动主要受到潮汐和风的驱动，为半日潮。沉箱平台斜面角度为 58 度，由于潮位的变化，水面的直径在 30～40m 范围内变化，如附图 2-8 所示。

附图 2-8　渤海 JZ9-3 沉箱式生活平台

• 导管架平台

（1）直立桩腿导管架平台

2005 年前建造的导管架平台大多是直立桩腿形式，有一些在经历了强烈稳态振动后进行了加锥改造，如，还有一些功能性并非很强的结构仍然以直立桩腿形式存在，如 JZ9-3MDP1，2 平台（附图 2-8 左右两侧平台）。

MDP-1 桩腿的直径是 1.5m，栈桥与平台上部为滑动铰连接。

（2）加锥桩腿导管架平台

由直立桩腿结构发生发现强烈稳态冰激振动后，进行了加锥改造的平台，如 JZ20-2MSW 台（附图 2-9）为无人驻守简易平台，距离 MUQ 平台约 1.5n mile。平台为三腿导管架结构，并有 3 根隔水套管在桩腿之间。

(a) 加锥前　　　　　　　　　　　(b) 加锥后

附图 2-9　加锥前后的 JZ20-2MSW 平台

附录 3　可能发生的海冰灾害案例分析

海洋工程已发海冰灾害（简称已发生灾害）：由海冰引起的海上构建筑物和海岸工程等海洋工程和附属设施的损坏，如核电厂工程的电力设施、油气勘探工程等能源开采设备、港口工程等水工建造等。

海洋工程易发海冰灾害（简称易发灾害）：包括海洋工程受到海冰灾害潜在或显著威胁，但尚未形成工程结构物损坏，如冰激振动下石油平台上布设备的疲劳损伤累积；也包括已发生的非工程设备类的海冰灾害对工程结构或附属设施可能引发的工程类海冰灾害，如冰挤压作用下船舶失控可能对结构物的撞击等。

为了从根本上对海洋工程海冰灾害进行防范，需要对主要的致险原因进行筛选与分析，细化海冰灾害致险原因并进行分类，为海冰灾害风险评价提供基础资料。

鉴于海冰灾害的偶发性，至少需要综合考虑以下三个方面，以保障海洋工程海冰灾害致险原因的全面性：

① 已发生海冰灾害资料数据的汇总与分析

建立海洋工程已发生海冰灾害资料数据库，包括国内海冰灾害资料信息进一步核实、完善和细化，海冰灾害发生时间、局部和整体冰情特征、灾害损失、应对措施和后续针对性改进方案等；补充国际寒区海洋工程海冰灾害典型案例，并针对冰情、工程类别、结构形式和灾害机理等内容开展我国渤黄海有冰海域海冰灾害风险的相关性分析。

② 易发海冰灾害案例资料的收集与分析

收集当前我国冰区各主要行业和重大海洋工程受到海冰灾害潜在或显著威胁，但未形成海冰灾害的案例，作为易发海洋工程海冰灾害案例资料，如海洋石油平台冰激振动引发结构疲劳损伤问题、威胁生产设备安全运行和溢油问题，港口工程临海设施海冰堆积与冰爬问题，核电工程取排水口海冰堵塞问题等。

③ 海冰灾害潜在原因分析和筛选

针对国内外典型海洋工程已发和易发重大灾害和次生灾害的案例，分析和筛选可能引发海冰灾害的潜在原因。

（1）已发生海冰灾害典型案例

● 案例一～案例四：

时　　间：1969 年的特大冰封

地　　点：渤海

冰情描述：历史上渤海最为严重的特大冰封，整个渤海被坚冰覆盖，冰层厚，堆积现象严重。在渤海湾西部近岸海区到处可见高度为 1～2m 的堆积冰，最高可达 4m。平整厚冰区位于厚冰堆积区的外面，冰厚均匀，一般为 20～30cm，最厚达 60cm。

灾害情况：

案例一：流冰夹走了塘沽港航道所有浮鼓灯标；

案例二：流冰推倒了天津港务局回淤研究观测平台；

案例三：流冰全部割断了"海一井"石油平台桩柱的钢管拉筋；

案例四：流冰彻底摧毁了 15 根（锰钢板厚 22cm 卷成的）空心圆筒桩柱（φ0.85m，长 41m，打入海底 28m 深的）全钢结构的"海二井"石油平台，"海二井"的生活、设备和钻井平台在海冰巨大推力的作用下倒塌。

海冰还堵塞了塘沽、秦皇岛、葫芦岛、营口和龙口等海港，使通往渤海的所有舰船受阻，海上交通运输处于瘫痪状态，造成了严重灾害。

发生原因：这一阶段由于对海冰缺乏认识，设计中采用铁路规范，没有进行冰力核算，造成平台和海上设备不具备抗冰能力，设计很不合理；无海冰预报。

资料来源：《中国海洋灾害四十年资料汇编》，编号：H03005。

● 案例五～案例六：

时　　间：1977 年 1 月～2 月

地　　点：渤海湾

冰情描述：冰情严重。

灾害情况：

案例五："海四井"的烽火台被海冰推倒；

案例六："海四井"，生活平台振动厉害，使平台顶上一木板房位移5cm，可明显看出平台的桩柱振动，平台栈桥跳动剧烈，行人困难。

发生原因：对冰荷载认识严重不足，结构设计不合理。

资料来源：《中国海洋灾害四十年资料汇编》，编号：H03007。

• 案例七：

时　　间：1990年1月底

地　　点：秦皇岛港

冰情描述：一般冰情年份。

灾害情况：流冰使秦皇岛港航道浮鼓灯标部份失踪，失去导航作用。

发生原因：流冰范围广泛，冰区辅助设备不具备抗冰能力。

资料来源：《中国海洋灾害四十年资料汇编》，编号：H03011。

• 案例八：

时　　间：1998年1月下旬

地　　点：鸭绿江入海口

冰情描述：渤海和北黄海最大流冰范围出现在1月下旬（1月28日）。辽东湾流冰范围72n mile；渤海湾流冰范围约10n mile；莱州湾流冰范围约5n mile；黄海北部流冰范围约10n mile。

灾害情况：1月26日鸭绿江入海口结冰较厚，受上涨潮水的影响，冰排被潮水迅速堆起，骤然间受冰排的挤压和撞击，造成码头17处严重破坏。

另外沉船11艘，严重受损船舶19艘，险情持续6天之久，造成了较严重的经济损失。属于当地50年来最严重的一次冰灾。

发生原因：对海冰可能引发的风险认识不全面，应急措施不及时不系统。

• 案例九：

时　　间：2000 年 1 月 28 日夜间

地　　点：渤海 JZ20-2 海域

冰情描述：一般冰情年份。

灾害情况：JZ20-2 中南平台在平整冰的作用下发生剧烈的稳态振动，并造成 8 号井排空管线疲劳断裂，导致管内压强为 200kg/cm² 的天然气大量泄露，平台关断停产。

发生原因：对海冰引发的海冰风险和灾害类别认识不全面。

• 案例十：

时　　间：2001 年

地　　点：渤海

冰情描述：自 1969 年以来最严重的一年。

灾害情况：素有"不冻港"之称的秦皇岛港冰情严重，港口航道灯标被流冰几乎破坏殆尽，仅此一项就造成直接经济损失 600 多万元。港内外数十艘船舶被海冰围困，造成航运中断，锚地有 40 多艘船舶因流冰作用走锚。辽东湾北部沿海港口基本处于封港状态。

发生原因：海洋工程的辅助设备不具备抗冰能力。

• 案例十一：

时　　间：2010 年 1 月上旬

地　　点：渤海

冰情描述：渤海海冰覆盖面积达到同期 30 年一遇水平。

灾害情况：对油气作业、海上运输和水产养殖造成了严重的影响，直接经济损失接近 64 亿元。

发生原因：冰情严重。

• 案例十二：

时　　间：1963 年

地　　点：库克湾

冰情描述：库克湾的常年冰情为平整冰厚 0.6～0.9m，重叠冰厚 1.2～1.5m，冰脊 4～10m，最大冰速 4.5m/s。

灾害情况：两个简易平台被冰推倒。

发生原因：对冰荷载认识严重不足，结构设计不合理造成的。

- 案例十三：

时　　间：20 世纪 70 年代

地　　点：芬兰波斯尼亚湾

冰情描述：波斯尼亚湾常年冰情为平整冰厚 0.6～0.9m，重叠冰厚 1.0～1.5m，冰脊 3～25m，最大冰速 0.5m/s。

灾害情况：多座灯塔被流冰推倒。

发生原因：对冰荷载认识严重不足，结构设计不合理造成的。

- 案例十四：

时　　间：1986 年 4 月

地　　点：Beaufort 海

冰情描述：Beaufort 海常年冰情为平整冰厚 1.5～2.3m，重叠冰厚 2.5～4.5m，冰脊 15～28m，多年冰厚达到 10m，最大冰速 0.2m/s。

灾害情况：加拿大海湾公司建造的 Molikpaq 人工岛在海冰的激振下，岛心发生了砂土液化，下沉 1m 左右。

发生原因：周期性荷载作用在结构上，引起地基沙土液化。

- 案例十五～案例十九：

历史上曾经发生过多次由于船体或建筑物上结冰（icing, ice accretion）而引发的海冰灾害。

案例十五：1987 年 2 月 27 日 K/V Nordkapp 航船发生结冰。

案例十六：1990 年 3 月，Bearing 海渔船因结冰发生失稳。

案例十七：1978 年一艘荷兰船舶因失稳而被弃。

案例十八：加拿大船舶上的海冰聚积和冰冻事故案例。

案例十九：陆上海冰冻结。

● 案例二十：

19 世纪 60 年代的 Baltic 海灯塔为钢质材料，经过 5～6 小时的海冰磨损后被切断。

● 案例二十一：

港口桩的因潮位变化引发的海冰冻结力和上拔力被拔出 Great Lake。

● 案例二十二：

瑞典海域曾发生热力水平冻胀力对桥墩和坝体的结构稳定性和强度造成影响和发生灾害的案例。

（2）易发海冰灾害案例

● 案例一：

时　　间：1986 年 1 月下旬～2 月中旬

地　　点：大同江口南浦港，朝鲜湾海域。

冰情描述：海冰重叠堆积，封锁港口航道。

灾害情况：大同江口朝西，江口外修筑一条堤坝防浪，正对江口堤坝留有 300m 宽的坝口作为主航道进出口，在堤坝南端还留有一备用航道口。堤坝内外全是海冰，坝外冰厚 30～50cm，最大 80cm，坝内 40～60cm，江口 85～90cm，因地形作用堆积冰极其严重，高度达 3～5m，致使江口航道封锁。

易发海冰灾害：（1）港区内和堤防工程前的海冰堆积，对于上述结构物有巨大的静冰力作用，包括水平推力作用、潮位变化引起的上拔力，温差变化引起的冻胀力；

（2）港区内和堤防工程前的海冰堆积，还可能引发冰爬沿堆积冰上爬至岸上，对岸上设备等产生严重影响。

资料来源：《中国海洋灾害四十年》，编号：H03007。

● 案例二：

时　　间：1990 年 1 月底

地　　点：渤海 JZ20-2 海域

冰情描述：一般冰情年份。

灾害情况：正在 SZ36-1 海区钻井作业的渤八、渤十两条钻井船造成了不同程度损坏；

易发海冰灾害：（1）冰期海上作业或航行船舶的损坏会导致船载污染源的泄漏；

（2）海上船舶在海冰挤压或推动下的失控，会导致撞向石油平台等海上工程结构物，所形成的结构物被强烈撞击而导致被推倒、局部构件损毁、生产功能丧失或油气外泄等，均会引发严重的海洋灾害和次生灾害。

发生原因：海冰在强风驱动下快速向南漂移。

• 案例三：

时　　间：2003/2004 年冬季

地　　点：黄海北部东港及鸭绿江口附近港口

冰情描述：渤海及黄海北部的冰情偏轻（2.0 级）。

灾害情况：黄海北部东港及鸭绿江口附近港口受海冰影响较为严重。

易发海冰灾害：港口受到海冰严重影响时，不仅对进出港和锚停的船舶有很大风险，同时对港工建筑物也有重大威胁。

• 案例四：

时　　间：2006 年冬季

地　　点：辽宁省红沿河核电厂筹建厂址

冰情描述：一般冰情年。

灾害情况：核电工程原设计取排水口处一昼夜时间海冰堆积高度达 10m。

易发海冰灾害：取排水口处短时间内冻结或堆积大规模冰体，会对取排水效率产生直接影响，进而影响核电工程冷源安全。

发生原因：设计阶段未充分考虑海冰问题。

• 案例五：

时　　间：2006/2007 年冬季

地　　点：龙港区先锋渔场

冰情描述：渤海及黄海北部的冰情为轻冰年（1.0 级），是自有历史记录以来最轻的年份。

灾害情况：2007 年 1 月 5 日，辽宁省葫芦岛市龙港区先锋渔场发生罕见的海冰上岸现象，坚硬的冰块堆积上岸推倒民房，但没有造成人员伤亡。

易发海冰灾害：港口工程临海区域也可能发生类似的海冰堆积与冰爬现象，对岸上设备和人员产生直接威胁。

发生原因：海冰监测体系不健全，海冰风险分析不全面，管理应对措施不及时。

• 案例六：

时　　间：每年冬季

地　　点：渤海导管架油气平台

冰情描述：所有冰情年份。

灾害情况：平台的持续振动会对上部人员产生影响，降低其舒适度以及工作效率；对平台上部设备和管线造成威胁；对结构的疲劳寿命产生影响。各年份海冰的影响参见附录 4"《中国海洋灾害公报》中关于各年冰情对海冰堆石油平台的影响说明"。

发生原因：由于渤海冰情较极区其他海域冰情较弱，因此尤其平台多采用导管架形式，结构抗冰能力有限。

• 案例七：

时　　间：2010/2011 年冬季

地　　点：渤海

冰情描述：一般冰情年。

灾害情况：JZ20-2 BOP 某桩腿外加立管，水面上的管卡根部发生开裂，裂纹长度达到支撑杆周长的1/3。可能引发立管断裂和管内输运液体外泄，如溢油等严重事故的发生。

发生原因：局部设施的设计与安装阶段未考虑海冰的冲击和激振作用，及其可能引发的影响。

• 案例八：

时　　间：2010年1月

地　　点：莱州湾潍坊港

冰情描述：2009/2010年冬季渤海及黄海北部冰情属偏重冰年，于2010年1月中下旬达到近30年同期最严重冰情。

灾害情况：2010年1月13日上午10时40分左右，一艘满载近千吨燃料油的浙江台州"兴龙舟288"号油轮，在驶入潍坊港时因受海冰挤压和撞击，偏离航道，撞上了防浪堤，导致左侧两个压载舱破损进水。

易发海冰灾害：（1）港口严重冰封期间的港口内驶入、驶出或停锚船只，被海冰挤压直接或间接损坏，会导致船载污染源的泄漏；

（2）上述船舶海上船舶的在海冰挤压或推动下的失控，会导致撞向港口工程结构物，所形成的结构物被强烈撞击局部坍塌、功能丧失等，均会引发严重的海洋灾害和次生灾害。

• 案例九~案例十一：

案例九：1969年的特大冰封期间，进出天津塘沽港的船舶有些推进器被海冰碰碎，动力失灵（编号：H03001）。

案例十：1990年1月24日至2月6日，秦皇岛港锚泊货轮走锚事件37起，其中韩国"西方公主"号轮被海冰夹住，循环水孔被冰堵塞，使主辅机全部失灵，船上无供电，无取暖，该轮完全处在瘫痪状态（编号：H03011）。

案例十一：2007/2008年营口港附近部分船舶冷却系统进水口被海冰堵塞。

潜在海冰灾害分析：冰区内船舶的功能器件受损，直接引发船舶灾害。由此可分析对于沿海的生产设备设施，如水力、火力、核电厂等，若厂址选在有冰海区，也可能引发以下海冰灾害类型：

（1）取水口被堵塞，影响取水效率，威胁冷源安全；

（2）动力等设备器件被海冰直接碰碎或损坏，引发器件功能失效。

• 案例十二：

Alaska 的 Anchorage 港口桩群结构由于潮差变化被海冰冻结，该结构所处海域极限潮差为 12.8m，冰厚可达到 1.2m，桩径 0.61m。相似案例还包括 Nanisivik 码头，Baffin 岛，Godthaab 码头，格陵兰岛。

• 案例十三：

海冰聚集可显著垂直和水平作用力，同时可增加结构的迎冰面积，和陡度，显著增大海冰作用力。原桩腿为 0.8m，之后增加至 2.5m。

• 案例十四：

Baltic 海经常发生海冰堆积情况。

（3）潜在海冰灾害和次生灾害案例

• 案例一～案例二：

案例一：海上油气开采溢油事件时有发生：在渤海的非冰期期间，曾发生过溢油事件；国际上最有名的一次是英国石油公司墨西哥湾原油泄露事件。由于冰区溢油问题的处理和应对都存在很大难度，因此所有可能引发海上石油平台溢油事件的海冰灾害和风险，都要进行全面考虑。如平台被推倒、输油管线等被挤压断裂或振断等。

案例二：海上运输、滨海生产与存储设备运行过程中，由于各类原因所引发的污染物泄露或倾倒等事故愈发频乏。如船舶被海冰直接或间接挤压破坏，防波堤被破坏威胁化工等能源物资储备设备等。与溢油问题同样性质，需要在相关工程和设备的设计、防御能力和运行管理等方面进行全面考虑，抵御海冰灾害可能引发的灾害和风险。

潜在海冰风险分析：对冰区各类海洋工程可能引发的污染物泄露事件进行全面考虑。

● 案例三：

环保问题逐渐受到广泛重视，对于我国渤海冰区的渔业、养殖业以及稀有物种（如斑海豹）的生存环境影响，可能引发地域和时间范围更广的经济和社会影响。

潜在海冰灾害风险：对冰区各类海洋工程可能引发的海洋环境影响进行全面考虑。

另外，海冰除了对海洋工程、船舶等实体造成直接威胁，还会对渔业水产等造成严重影响，如 1980 年山东半岛威海附近海域及胶州湾沿岸均被海冰覆盖，给当地的水产养殖和渔业生产造成严重经济损失。由于本项目主要考虑海洋工程海冰灾害问题，因此其他问题不进行深入讨论。

附录 4　《中国海洋灾害公报》中海冰对石油平台的影响说明

1989 年，"海上石油开采在冬季需停止作业"。

1992 年，冰情仍较常年明显偏轻，"冰情严重期间，当流冰通过辽东湾北部石油平台桩腿时产生轻微振动，但无威胁。"

1993 年，冰情持续偏轻，冰情严重期间，对海上石油钻井平台及海上建筑设施有一定的影响。

1997 年，在冰情严重期间，辽东湾海上石油平台及海上交通运输均受到威胁，1 月下旬辽东湾 JZ20-2 石油平台遭受海冰碰撞，引发石油平台强烈震动，在此期间，公司领导亲临现场指挥，破冰船昼夜连续破冰作业，保证平台安全。

1994 年，北部海区接近常年，南部海区较常年偏轻；1995 年，冰情偏轻；1996 年，冰情偏轻；1999 年，冰情明显偏轻且维持时间较短，是近 10 年来最轻的一年；2000，冰情较为严重；2002，轻冰年，是有观测记录以来最轻的一年："在冰期严重期间，对辽东湾海上石油平台及海上交通运输受到一定影响。"

2001 年，渤海和黄海北部冰情与常年相比明显偏重，是近 20 年来最重的一年，渤海海上石油平台受到流冰严重威胁。

2003 年，冰情偏轻（2.0 级），海冰对辽东湾沿岸港口航行的船只影响较为严重，但对钻井平台的安全未造成影响，精度海冰数值预报模式已为海上石油生产部门提供海冰数值预报产品，有效地保障了石油部门海上作业安全。

2004/2005 年冬季渤海及黄海北部的冰情为常年（3.0 级）。冬季严重冰情期间，辽东湾沿岸港口均处于封冻状态。受海冰影响，中国海洋石油有限公司位于辽东湾的石油平台需靠破冰船引航才能保证平台供给及石油运输。由于较准确的海冰监测预报信息和有关部门采取的有利预防措施，没有造成明显的直接经济损失。

2005/2006 年冬季莱州湾海域的冰情为近 25 年来最为严重的一年，特别是 2005 年 12 月份的冰情为历史同期罕见。在冰情严重期，位于辽东湾的石油平台被海冰挤压，发生了剧烈震动，中国海洋石油总公司的破冰船日夜不停地在平台周边破冰，确保了海上石油平台的安全。

2007/2008 年冬季渤海及黄海北部的冰情为常年偏轻。和多年平均冰期相比，本冬季初冰期退后，终冰期提前，冰期天数缩短约一个月。辽东湾海上油气生产作业受到一定影响。

附录 5　碎冰动力堆积的数值模拟方法

在自然条件下，碎冰区的浮冰呈现出很强的离散分布特性。无论是在极区，还是在渤海、波罗的海、波弗特海等海域，浮冰均普遍存在。在海冰的离散单元模型中，海冰单元可设为球体、圆盘和块体等不同形态。然而，对于碎冰区的浮冰，三维圆盘方法具有模型简单、计算效率快和精度高等优点。同时这种圆盘单元模型在模拟碎冰块的碰撞、重叠、和堆积问题均取得了理想的结果。因此本书将采用这种圆盘冰单元模型对浮冰与核电取水构筑物之间的碰撞及堆积过程进行数值模拟。

这种扩展圆盘冰单元是通过平面圆盘与球体做闵可夫斯基和运算得到的一种扩展几何体。对这种扩展几何体可简单的描述为基于二维圆盘单元在其表面的每一个点上都扩充为一个定尺寸的球体。于是扩展圆盘单元便是表面光滑并有一定厚度的三维圆盘模型。在离散单元法计算模拟中，扩展圆盘单元间的接触计算可以处理为三维空间中平面圆盘之间的接触问题。根据圆盘单元的几何性质将单元之间的接触分为平面-平面接触，弧面—平面接触以及弧面—弧面接触三种类型。计算得到平面圆盘间的最短距离 Δ 与圆盘单元的扩展球体半径做差即可得到圆盘冰单元间的接触变形。接触变形计算公式如下：

$$\delta_{ij} = \Delta_{ij} - r_i - r_j \tag{1}$$

式中，i，j 是接触圆盘编号；δ_{ij} 是圆盘间的接触变形量；Δ 是构成圆盘冰单元的平面圆盘间的距离；r_i，r_j 分别是构成圆盘单元 i，j 的扩展球体半径。

计算得到单元间的变形量后，根据弹簧—粘壶模型计算单元之间的接触力，海冰单元间的法向力和切向力的计算公式分别是

$$F_n^n = K_n \delta_{ij} - C_n \boldsymbol{V} \cdot \boldsymbol{n} \tag{2}$$

$$F_t^n = \min((F_t^{n-1} - K_t dt(\boldsymbol{V} \cdot \boldsymbol{t})), \ \mu F_n^n) \tag{3}$$

式（2）、（3）中下角标 n 和 t 表示接触面法线方向和切线方向；K_n 是圆盘冰单元间的法向刚度，数值模拟中我们参考海冰单轴压缩强度实验数据并综合考虑海冰单元间接触面积的大小选取[23]；C_n 是接触粘滞系数，可由海冰单元的质量以及材料的有效弹性刚度和回弹系数求出；$\boldsymbol{V} \cdot \boldsymbol{n}$ 是接触面间相对速度矢量在法向上的分量。

数值模拟中切向力的计算根据摩尔—库伦摩擦定律构建．式中 μ 为滑动摩擦系数，在计算中摩擦系数有两个值分别为海冰单元之间的摩擦系数以及海冰单元与海洋结构间的摩擦系数。切向力的计算用到了迭代法，计算当前时间步的切向力时需要根据同一个接触点上前一个时间步叠加得到。式（3）中上角标 n 和 $(n-1)$ 分别是第 n 和第 $(n-1)$ 时间步。在计算中如果接触点为当前时间步才发生的新接触则上个时间步的切向接触力为零。dt 是数值模拟中用到的时间步长；式中 $\boldsymbol{V} \cdot \boldsymbol{t}$ 是接触面间相对速度矢量在切向上的分量。

圆盘单元间除了需要考虑接触力之外还需要考虑水动力模型，包括浮力、拖曳力以及附加质量。圆盘单元所受到的浮力为圆盘单元排开水的重力，在数值模拟中圆盘单元不同的下潜深度以及圆盘单元的不同方向都会对其所受到的浮力有影响。为了实现对不同情况下圆盘单元所受到的浮力进行计算，数值模拟中将圆盘的单元表面划分为面积微元，通过判断面积微元的位置计算其受到的水压，然后通过对所有面积微元上的水压力求和得到浮力。最终将面积元上的水压力对冰单元的质心计算力矩后求和得到浮力矩。

海冰单元的拖曳力以及拖曳力矩的计算公式为

$$\boldsymbol{F}_d = \frac{1}{2} C_d \rho_w A (\boldsymbol{V}_w - \boldsymbol{V}_i) \mid \boldsymbol{V}_i - \boldsymbol{V}_w \mid \tag{4}$$

$$\boldsymbol{M}_d = -\frac{1}{2} C_d (r_i)^2 \rho_w A \boldsymbol{\omega} \mid \boldsymbol{\omega} \mid \tag{5}$$

式中，C_d 是拖曳力系数，A 是冰块单元在拖曳力方向上的投影面积，V_i 和 V_w 分别为冰单元的速度和流场的速度，ρ_w 是海水密度，ω 是海冰的转动角速度。

当冰块按一定的加速度运动时，其惯性力会明显增加，将这部分力考虑为附加质量，其计算公式为

$$M_a = C_m \rho_w V_{sub} \frac{d \mid V_i - V_w \mid}{dt} \qquad (6)$$

式中，M_a 为海冰单元的附加质量，C_m 附加质量系数，V_{sub} 是海冰浸入水中的体积。

为了更加准确的计算圆盘冰单元的运动，特别是转动，数值模拟中采用了局部坐标系和整体坐标系。局部坐标系固定在每个圆盘单元的质心处，整体坐标系固定在整个计算域内，其中局部坐标与整体坐标之间的相互转化采用四元数方法。